새의 날개가 아무리 완벽할지라도 공기가 없다면
그 날개는 결코 새를 들어올릴 수 없다. 과학에 있어 '사실'은 공기와 같다.
사실 없이는 과학자는 결코 성공할 수 없다.
- 이반 파블로프

과학에서 새로운 발견을 알리는 가장 신나는 표현은
'유레카!(찾았다!)'가 아니라 '그거 재미있네'이다.

– 아이작 아시모프

교육이 한 인간을 양성하기 시작할 때의 방향이
훗날 그의 삶을 결정할 것이다.
- 플라톤

과학에서 중요한 것은 새로운 사실을 얻는 것보다
새로운 사실을 생각해내는 법을 찾아내는 것이다.

– 윌리엄 브래그

《不一样的物理课》
作者：陈爱峰
Chinese Edition Copyright ⓒ2021 by Encyclopedia of China Publishing House
All Rights Reserved.
Korean Translation Copyrightⓒ2022 by DAVINCIHOUSE Co.,LTD.
Korean edition is published by arrangement with Encyclopedia of China Publishing
House through EntersKoreaCo.,Ltd.

재미로 읽다가 100점 맞는
색다른 물리학(상편)

재미로 읽다가 100점 맞는
색다른 물리학(상편)

펴낸날 2022년 3월 10일 1판 1쇄

지은이 천아이핑
옮긴이 정주은
감수 송미란
펴낸이 김영선
책임교정 이교숙
교정·교열 정아영, 이라야
경영지원 최은정
디자인 박유진·현애정
마케팅 신용천

펴낸곳 (주)다빈치하우스-미디어숲
주소 경기도 고양시 일산서구 고양대로632번길 60, 207호
전화 (02) 323-7234
팩스 (02) 323-0253
홈페이지 www.mfbook.co.kr
이메일 dhhard@naver.com (원고투고)
출판등록번호 제 2-2767호

값 17,800원
ISBN 979-11-5874-141-9 (44420)

재미로 읽다가 100점 맞는 색다른 물리학

상편

천아이펑 지음

정주은 옮김 · 송미란 감수

미디어숲

03 일, 에너지와 운동량

04 열현상

모든 물체에 적용되는 자유낙하운동 법칙이 동일한가?
답은 'YES'다. 아마 의아할 수도 있을 것이다.
'이상하다. 종이가 돌멩이보다 떨어지는 속도가 느리던데?'
사실 그 이면에는 '공기 저항'이라는 요인이 숨어있다.
만약 공기로부터 받는 저항이 없다면 모든 물체의 낙하 상황은 똑같을 것이다.

물리학을 사랑하는 친구들!

다채로운 물리학의 세계로 들어선 여러분을 환영합니다.

물리학은 자연과학의 기초학문으로 수많은 분야에서 물리 지식을 동원해 연구를 진행하고 있어요. 물리학이란 무엇일까요? 《대백과전서》에서는 '물리학'에 대해 이렇게 설명해요.

"물리학은 물질 운동의 가장 일반적인 규칙과 물질의 기본 구조를 연구하는 학문이다. 자연과학의 선도학문으로 크게는 우주에서, 작게는 기본 입자까지 모든 물질의 가장 기본적인 운동 형식과 규칙을 연구하므로 다른 자연과학 연구의 기초가 된다. 물리학은 수학적으로 이론 구조를 구축하고 실험을 통해서 이론의 정확성을 검증하는 가장 정밀한 자연과학 분야다."

우리는 먼저 물체의 운동 규칙을 알아보며 물리학의 전당에 발을 디딜 거예요.

물체의 운동은 공간, 시간, 기준틀 없이는 설명할 수 없으므로 이번 장에서는 길이와 시간의 정의와 단위 및 좌표계에 관한 지식을 이해해야 합니다. 물체의 운동은 종류와 형태가 다양하지만 아무리 복잡한 운동도 결국은 간단한 운동이 여럿 합쳐져 이루어진 것으로 볼 수 있으므로 간단한 운동부터 살펴볼 거예요.

먼저 속도, 가속도의 개념을 이해한 다음, 실제와 연관 지어 등속 직선 운동, 자유낙하운동, 포물선 운동, 단진동 등 전형적인 운동 몇 가지를 분석하려고 해요.

여러분! 준비됐나요? 그럼 가볼까요!

핵심 내용

- 속도
- 물리량 및 배수 표시
- 가속도
- 그래픽 도구 응용
- 포물선 운동
- 기준틀(좌표계)
- 길이 및 측량
- 자유낙하운동
- 단진동

속도, 넌 누구니?

　동물들의 회의가 열리는 날, 달팽이는 길에서 친절한 거북이를 만났다. 거북이가 말했다. "달팽이야, 내 등에 올라타. 내가 태워줄게!"

　그 말에 달팽이는 거북이의 등에 올라탔다. 다시 길을 가던 중, 달팽이와 거북이는 날개를 다친 참새를 만났다. 거북이가 참새에게 말했다.

　"너도 내 등에 올라타. 내가 태워줄게!"

　그 말에 참새도 거북이의 등에 올라탔다. 달팽이는 참새에게 소곤소곤 속삭였다.

　"중심 잘 잡아, 얘 엄청 빠르거든!"

　이 이야기에서 웃음이 터지는 부분은 어디인가? 달팽이는 자신의 속도를 기준으로 거북이의 속도를 평가했으니 당연히 '엄

청 빠르게' 느껴졌겠지만 참새의 비행 속도를 기준으로 거북이
의 속도를 평가한다면?

조심해,
엄청 빨라!

?

달팽이는 2mm/s, 거북이는 2cm/s로 기어가고 참새는 8m/s로 난다.
거북이의 이동속도는 달팽이의 10배 정도이고 참새의 비행 속도는 거북
이 이동속도의 400배 정도다.

지식 카드

물체가 운동한 거리(변위)와 이에 소요된 시간의 비율이 속도의 크기이
며, 이를 계산식으로 표시하면 $v = \frac{x}{t}$ 또는 $v = \frac{\Delta x}{\Delta t}$ 이다. 물리학에서 흔히
쓰이는 속도 단위는 m/s이다.

속도의 크기를 나타내는 단위로 m/s 외에 km/h도 많이 쓰인
다. m/s와 km/h의 관계식은 1m/s=3.6km/h이다.

다음은 대표적인 운동의 속도를 표시한 표이다.

흔히 볼 수 있는 운동	속도(m·s⁻¹)	속도(km·h⁻¹)
사람의 정상 보행	1.2~1.6	4~6
장거리 달리기 경주	5~6	18~22
도로 자전거 경기(커브)	10~12	36~44
사냥매 급강하/칼새 비행	30	108
보잉 747 항공기 비행	250	900
소리 전파(상온·정압에서)	340	1224
전투기 비행	500~600	1800~2200
지구 공전(평균치)	29800	107280

중국 주택가에서는 제한 속도 '5'(km/h)라고 쓰인 표지판을 흔히 볼 수 있는데 이는 사람의 보행속도를 기준으로 정해졌다. 안전을 고려한다면 주택가에서의 주행속도는 느릴수록 좋다. 모든 차량이 이 제한 속도를 준수한다면 차량의 주행속도와 사람의 보행속도가 비슷해지므로 사고가 발생할 일이 거의 없다. 그

러나 실제로 주택가에서 이 제한 속도를 준수하기란 불가능하다. 차량이 주행상태로 막 접어들 때의 속도가 이미 5km/h를 넘기 때문이다. 교통부도 주택가 제한 속도 표지판의 주요 역할은 주의와 경고라고 생각한다.

지구에 앉아 하루에 8만 리를 가고 하늘을 떠돌며
멀리 수많은 은하를 보네

좌표

만약 여러분이 의자에 앉아 이 책을 읽
고 있다면 의자는 정지해 있는 상태일 것
이다. 그런데 정말 우리는 아무런 움직임
없이 정지해 있는 걸까? 지구는 자전하고
있고 우리는 빙빙 도는 지구를 따라 함께
운동하고 있다는 사실을 알아야 한다. 적도상에서 지구의 자전
선속도는 약 1,675km/h인데 이 수치대로 분석해보면 위에서
말한 대로 '지구에 앉아 하루에 8만 리를 가게' 된다.

마오쩌둥의 《칠률이수·송온신》에 "지구에 앉아 하루에 8만
리를 가고 하늘을 떠돌며 멀리 수많은 은하를 보네坐地日行八万里,
巡天遥看一千河."라는 구절이 있다. 마오쩌둥은 저우스자오에게 쓴
편지에서 이렇게 풀이했다.

지구의 지름은 약 12,500km인데 여기에 원주율 3.1416을 곱하면 약 40,000km가 되고 이는 중국식 계산법으로 8만 리다. 이는 지구의 자전(하루 동안) 거리다. 기차, 배, 자동차를 타서 대가를 지불하는 것을 여행이라고 한다. 하지만 지구에 앉아있으면 대가를 지불하지 않고도(차표를 사지 않고도) 하루에 8만 리나 간다. 사람들에게 이것이 여행이냐고 묻는다면 아니라고 답할 것이다. 전혀 움직이지 않았기 때문이다.

진실로 어찌 이런 이치가 있단 말인가! 관습에 얽매여 아직도 미신을 떨치지 못했다. 완벽한 일상생활인데 오히려 이를 괴상하게 여기는 사람들이 부지기수다. '순천巡天', 즉, 하늘을 떠돈다는 것은 우리 태양계가 매일, 매시간 은하계 속에서 왔다 갔다 한다는 뜻이다. 은하는 하나의 강이며 강은 무한하다. '일천一千'이라는 말은 많다는 뜻일 뿐이다. 우리는 그저 강 한 줄기에서 떠돌며 수많은 은하를 보는 것이다.

여기에서 알 수 있듯이 물체의 정지는 상대적이며 운동은 절대적이다. 물체는 절대적으로 정지해 있지 않고 상대적으로만 정지해 있다. 물체의 운동은 상대적이므로 어떤 물체의 운동을 분석할 때는 기준틀(또는 좌표계)을 명확히 밝혀야 한다.

먼저 움직이지 않는다고 가정한, 기준이 되는 물체를 기준틀이라고 하는데 이 기준틀과 고정 연결된, 확장 가능한 모든 공간이 바로 좌표계다. 어떠한 물체라도 기준틀이 될 수 있는데 대개 연구의 편이성을 고려해 정한다. 동일한 물체의 운동이라도 기준틀을 달리해 관찰하면 각기 다른 결과를 얻게 된다. 일반적으로 지면을 기준틀로 삼는다.

생각하기

세 친구가 자전거를 타고 소풍을 간다. 평평하고 곧게 뻗은 길을 함께 달려가다가 친구 A가 말했다. "바람이 뒤에서 밀어주는 것 같아. 힘이 하나도 안 드는데!" 그러자 친구 B가 말했다. "바람 안 부는데?" 이에 친구 C가 말했다. "다들 무슨 소리야? 맞바람이 불고 있는데!" 그렇다면 세 사람 중 가장 빨리 달리는 사람은 누구일까?

최초로 '운동의 상대성' 문제를 제기한 사람은 근대 과학의 아버지라고 불리는 이탈리아의 수학자이자 물리학자이며, 천문학자인 갈릴레오 갈릴레이$^{Galileo\ Galilei}$다. 중세 유럽은 오랫동안 프톨레마이오스^{Ptolemaeus}의 천동설을 신봉했지만, 갈릴레이는 코페르니쿠스의 지동설을 지지했다. 당시 학자들은 갈릴레이의 '지구가 돈다'는 주장을 맹렬히 반대했는데 주된 이유 중 하나는 '지구의 운동을 느낄 수 없다'는 것이었다. 사실 지구의 자전 속도는 굉장히 빨라 적도상에서는 460m/s에 달할 정도다. 이에 대해 갈릴레이는 1632년에 이미 다음과 같이 밝혔다.

　폐쇄된, 등속운동하는 배 안에 있는 사람은 배의 운동을 관찰할 수 없다. 즉, 배에 타고 있는 사람은 배의 운동 상태에 대한 판단이 배 밖에서 관찰하는 사람의 판단과 다르다. 이는 그들이 선택한 기준틀이 서로 다르기 때문이다. 우리가 지구가 운동하는 것을 느끼지 못하는 것은 우리가 등속운동하는 배에 탔을 때 배가 운동하고 있는 것을 느끼지 못하는 것과 같은 이치다.

　글을 쓰거나 시를 지을 때, '운동의 상대성'을 이용해 시각을 좀 바꿔보면 재기와 정취가 남다른 작품이 탄생할 수 있다. 예를 들어 이백의 시 〈천문산을 바라보며〉가 그러하다.
　"천문산 허리 가르며 초강이 흐르는데 푸른 강물 동으로 흐르다 여기서 되돌아 흐르는구나. 초강 양쪽 푸른 산 마주 우뚝 솟았는데 외로운 배 한 척, 해 뜨는 곳에서 유유히 떠오네."
　이 시에서 '초강 양쪽 푸른 산 마주 우뚝 솟았는데'라는 시구가 다루는 대상은 '푸른 산'인데 이 대상은 '솟는' 운동을 하고 있어 배에 비하면 '운동 상태'에 있다. 또 '외로운 배 한 척, 해 뜨는 곳에서 유유히 떠오네'라는 시구가 다루는 대상은 '외로운 배 한 척'인데 이 대상은 현재 '떠오는' 중으로 지면(또는 초강 양쪽, 푸른 산)에 비하면 '운동 상태'에 있다. 이처럼 운동의 시각이 전환된 글을 읽으면 마치 그 장면을 직접 마주한 듯 생생하게 느낄 수 있다.

'운동의 상대성'을 이해하는 고사성어도 있다. '각주구검^{刻舟求劍}'은 모두 알다시피 '배는 이미 떠났지만 검은 그 자리에서 움직이지 않는다.' 그러니 정지한 시각으로 문제를 보면 안 된다.

마이크로세기는 얼마나 길까?
물리량과 그 배수 표시

물리학자들의 말은 유머러스하면서도 깊은 의미가 담겨 있는 경우가 많다. 유명한 물리학자인 엔리코 페르미[Enrico Fermi]는 이런 말을 했다.

"표준 강의 시간(50분)은 1마이크로세기에 가깝다."

그렇다면 1마이크로세기는 구체적으로 얼마나 긴 시간일까? 이 문제에 답하려면 시간(물리량)의 개념뿐만 아니라 단위 앞에 붙여 배수를 표시하는 '모자'(접두어)가 몇으로 변했는지를 알아야 한다.

1960년 제11회 국제도량형 총회(국제도량형국이 주관)에서 국제단위계[International System of Units](간단히 SI라 부르며 널리 알려진 미터법을 말함)가 채택되었다. 국제단위계에서 채택한 단위는 기본단위, 유도단위, 보조단위, 이 세 가지로 나뉜다. 엄격하게 정의된

7개의 기본단위는 길이(미터, m), 질량(킬로그램, kg), 시간(초, s),
전류(암페어, A), 온도(켈빈, K), 물질량(몰, mol), 광도(칸델라, cd)이
다. 이 기본단위 7개는 서로 독립된 차원을 가진다. 유도단위는
기본단위보다 그 수가 훨씬 많은데 모두 기본단위를 조합한 단
위들이다. 이밖에 국제단위계는 SI 단위의 배수 단위를 구성하
기 위해 SI 접두어 20개를 정했다.

국제단위계 기본단위

물리량 명칭	상용 기호	단위 명칭	단위 기호	단위 정의
길이	L	미터	m	1미터는 빛이 진공에서 1/299,792,458초 동안 진행한 경로의 길이이다.
질량	m	킬로그램	kg	1킬로그램은 플랑크 상수 h가 $6.62607015 \times 10^{-34}$ J·s이 되도록 하는 값이다.
시간	t	초	s	1초는 세슘−133원자의 바닥 상태에 있는 두 초미세 준위 사이의 전이에 대응하는 복사선의 9,192,631,770주기의 지속 시간이다.
전류	I	암페어	A	1암페어는 기본 전하 e를 C 단위로 나낼 때 $1.602176634 \times 10^{-19}$이 된다.
온도	T	켈빈	K	1켈빈은 볼츠만 상수 k를 J K^{-1} 단위로 나타낼 때 1.380649×10^{-23}3이 된다.

| 물질량 | n | 몰 | mol | 1몰은 $6.02214076 \times 10^{23}$개의 구성요소를 포함한다. 이 숫자는 mol^{-1} 단위로 표현된 아보가드로 상수 N_A의 고정된 수치로서 아보가드로 수라고 부른다. 어떤 계의 물질량은 명시된 구성요소의 수를 나타내는 척도이다. 이때 구성요소들이란 원자, 분자, 이온, 전자, 그 외의 입자 또는 그런 입자들의 특정한 집합체가 될 수 있다. |
| 광도 | lv | 칸델라 | cd | 1칸델라는 어떤 주어진 방향에서 주파수가 540×10^{12}Hz인 단색광의 시감효능 K_{cd}를 lm W^{-1} 단위로 나타낼 때 그 수치를 683으로 고정함으로써 정의된다. |

국제단위계 접두어

배수	접두어	기호	영문	배수	접두어	기호	영문
10^{24}	요타	Y	Yotta	10^{-1}	데시	d	deci
10^{21}	제타	Z	Zetta	10^{-2}	센티	c	centi
10^{18}	엑사	E	Exa	10^{-3}	밀리	m	milli
10^{15}	페타	P	Peta	10^{-6}	마이크로	μ	micro
10^{12}	테라	T	Tera	10^{-9}	나노	n	nano
10^{9}	기가	G	Giga	10^{-12}	피코	p	pico
10^{6}	메가	M	Mega	10^{-15}	펨토	f	femto
10^{3}	킬로	k	kilo	10^{-18}	아토	a	atto
10^{2}	헥토	h	hecto	10^{-21}	젭토	z	zepto
10^{1}	데카	da	deka	10^{-24}	욕토	y	yocto

이제 1마이크로세기는 몇 분인지 계산해보자. '마이크로'
는 10^{-6}이고 '1세기'는 100년이다. 1년은 365일, 1일은 24시간,
1시간은 60분이므로 1마이크로세기 $= 10^{-6} \times 100 \times 365 \times 24 \times$
$60 = 52.56$분이다. 이제 여러분도 페르미의 말뜻을 알았을 것
이다.

시간의 측정

중고등과정 물리시간에는 대개
(기계식)스톱워치로 시간을 측정한
다. 스스로 반복되는 현상은 모두
시간의 기준으로 삼을 수 있다. 고
대 중국에서는 물시계로 시간을 확
인했다. 물이 담긴 통에서 일정한
물높이를 유지하면 또 다른 물통으
로 물을 흘려보내 물 높이가 높아

물시계

지고, 이때 잣대가 떠올라 시간을 표시하는 방식이다. 북송 시
기, 심괄은 온도가 점성에 영향을 미쳐 일으키는 오차를 줄이는
방법을 생각해내 시간 측정의 정확도를 높였다. 갈릴레이Galileo
Galilei는 진자의 등시성을 발견했고 네덜란드의 호이겐스Christian
Huygens는 추가 일정한 시간 간격으로 왕복운동하게 하는 장치인
펜듈럼Pendulum을 발명했다.

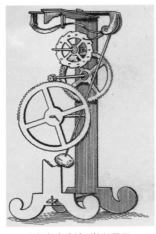
진자시계의 내부 구조

이로써 진자의 등시성을 시간 측정에 활용할 수 있게 되었다. 그 후로도 끊임없는 개선이 이루어져 실험실에서 쓰이는 정확한 진자시계의 경우, 그 오차가 1년에 몇 초에 불과할 정도로 정확도가 향상되었다. 20세기 초에는 수정진동자Quartz crystal의 압전 효과를 이용해 시간을 측정하기 시작했다. 압전 효과란, 수정이 역학적 변형 진동을 전기적 진동으로 바꿀 수 있는 것을 말한다. 1940년대에 이르러서는 이를 활용해 시간을 측정하는 방식이 대세가 되었는데 일당 시간 오차가 약 0.1밀리초로 줄어들었다.

보다 정밀하게 시간을 측정하려는 노력은 원자시계Atomic clock 개발로 이어졌다. 미국 콜로라도주에 위치한 미국 국립표준기술연구소NIST·National Institute of Standards and Technology의 원자시계는 세계 협정시UTC·Universal Time Coordinated의 기준으로 정해졌다.

1967년, 국제도량형총회CGPM에서는 세슘의 동위원소인 세슘-133이라는 원자를 이용한 원자시계를 사용해 1초를 정의했다. 즉, '세슘의 동위원소인 세슘-133 원자의 바닥 상태에서의 두 초미세 에너지 준위 사이의 전이에 대응하는 복사선의

9,192,631,770주기의 지속 시간을 1초로 정의했다. 일반적으로
세슘 시계 두 개가 작동한 지 6000년이 흐른 뒤의 시간 차이는
1초를 넘지 않는다고 한다. 현재도 보다 정밀한 시간 측정을 위
한 노력이 계속되고 있다.

세계 최초의 세슘 원자시계(영국 국가물리연구원, 1955)

중국이 표준시로 정한 베이징 시간은 산시성 시안에 위치한
중국과학원 국가수시센터NTSC·National Time Service Center Chinese Academy
Of Sciences에서 확정하고 유지한다(중국의 원자시계가 재는 시간).

시간 간격의 근사치 예

연구대상	시간 간격(s)	연구대상	시간 간격(s)
우주 나이	5×10^{17}	보잉 747 베이징-상하이 비행시간	7×10^{3}
지구와 달 나이	1.5×10^{17}	사람의 심장 박동 간의 시간 간격	8×10^{-1}
기자의 대피라미드	1×10^{11}	뮤온(muon) 반감기	2×10^{-6}
사람의 수명	$2 \times 10^{9} \sim 3 \times 10^{9}$	핵 충돌 시간 간격	1×10^{-22}
하루의 길이	9×10^{4}	플랑크 시간 (Planck time)	1×10^{-34}

길이의 기준과 측량

아래 왼쪽 그림에서 두 선 중, 어느 것이 더 길어 보일까? 오른쪽 그림의 두 직사각형 중, 어느 것이 더 커 보일까? 정답을 말하자면 두 선의 길이는 서로 같고 두 직사각형의 크기도 서로 같다(자로 한번 재보라).

감각의 결과와 실제 상황이 다른 까닭은 '착시현상' 때문이다. 하지만 과학에서는 착시가 정확도에 영향을 주는 상황을 용납할 수 없다. 그러므로 측량을 제대로 해야 한다.

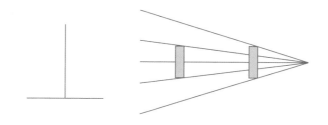

'미터'의 발전 과정

국제단위계에서 정한 길이의 기본단위는 미터(m)다. 1790~1792년, 새로 수립된 프랑스 공화국은 새로운 측량법을 도입했다. 이 측량법의 기초가 바로 '미터'다. 당시 1미터는 '프랑스 파리를 지나는 지구 자오선(경선)의 북극에서 적도까지 거리의 1천만분의 1'이라고 정의했고, 이 기준에 따라 백금으로 된 표준 미터자까지 만들어졌다. 그러나 시간이 흐르면서 이 백금 미터자에 심각한 변형이 발생하자 백금과 이리듐의 합금(백금 90%와 이리듐 10%)으로 새로 만들어 '미터원기'라고 불렀다.

19세기 말, 일부 국가가 파리에서 회의를 열어 '미터'를 표준 길이 단위로 공인했다. 표준 미터기로 선정된 백금 이리듐 합금 미터원기는 파리 국제도량형국^{BIPM}이 소장하고 있으며, 강도가 높고 온도와 화학적 안정성도 좋은 편이라 상당한 정확도를 보장한다. 이 미터원기로 교정된 복제품이 세계 각지의 실험실로 보내졌다. 훗날, 측량 정밀도가 향상됨에 따라 프랑스 파리를 지나는 지구 자오선(경선)의 북극에서 적도까지의 거리가 정확한 1×10^7m가 아님이 밝혀지면서 과학계는 생각을 전환해 자연계에 존재하는 원자 기준을 활용해 미터 표준을 새로 정하려고 했다.

1960년, 제11회 국제 도량형총회에서 지금까지와는 전혀 다른 미터 표준을 정했다. 구체적으로 살펴보면, 이 새로운 표준은 크립톤-86 원자(크립톤의 특정 동위원소 중 하나)가 가스 방전관^{gas} discharge tube에서 방출하는 특정한 등적색광의 파장을 기준으로 삼아 이 복사파장의 1650763.73배를 1미터로 규정했다. 기억하기도 어려운 숫자를 새로운 미터 표준으로 삼은 이유는 '미터원기'를 기초로 한 이전 표준과 최대한 일치시키기 위해서다.

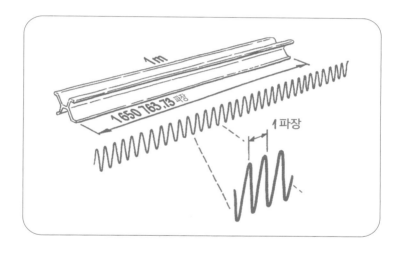

   그러나 1983년에 이르러 크립톤-86 원자를 이용한 미터 표준도 정밀한 표준을 원하는 과학계의 기대치에 미치지 못하자 이보다 더 독특한 정의가 도입되었다. 새로 도입된 정의는 빛이 특정 시간 간격 내에 전파된 거리를 활용한 것으로, 제17회 국제도량형총회에서 새로운 길이 표준이 다음과 같이 정의되었다.
   "1미터는 빛이 진공에서 1/299,792,458초 동안 진행한 경로

의 길이다."

이렇게 시간 간격을 새로 선정하면서 빛의 속도는 c=299,792,458m/s라고 정확하게 쓸 수 있게 되었다. 빛의 속도에 대한 측량이 상당히 정밀한 수준에 이른 까닭에 광속으로 미터를 새롭게 정의하는 것이 의미를 지니게 된 것이다.

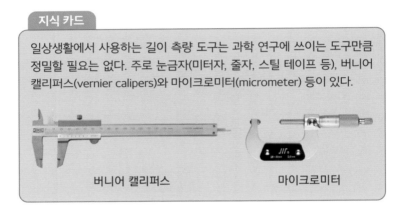

지식 카드

일상생활에서 사용하는 길이 측량 도구는 과학 연구에 쓰이는 도구만큼 정밀할 필요는 없다. 주로 눈금자(미터자, 줄자, 스틸 테이프 등), 버니어 캘리퍼스(vernier calipers)와 마이크로미터(micrometer) 등이 있다.

버니어 캘리퍼스   마이크로미터

더 큰 길이 단위

현재 관측 가능한 우주에는 수십억 개에 달하는 은하가 있고 각각의 은하는 무수히 많은 천체로 이루어져 있다. 은하계는 그중 하나인데, 빛이 은하계를 통과하는 데는 대략 십만 년이 걸린다. 광활한 우주 공간을 표현할 때 흔히 '광년$^{ly\cdot light\text{-}year}$'과 '천문단위$^{AU\cdot Astronomical\ Unit}$'를 사용해 그 크기를 가늠한다.

1광년은 빛이 1년 동안 진행한 경로의 길이로 약 9.4605×

10^{15}m이다(한번 계산해보라). 지구에서 태양까지의 평균 거리를 '천문단위'라고 하며, 1천문단위는 약 1.496억 킬로미터(1.496×10^{11}m)다.

길이의 근사치 예

연구대상	길이(m)	연구대상	길이(m)
우주	2×10^{26}	성인 신장	$1.5 \times 10^0 \sim 2.3 \times 10^0$
태양계 반지름	6×10^{12}	이 페이지의 두께	1×10^{-4}
지구와 달 사이의 거리	3.8×10^8	가시광선 파장	5×10^{-7}
지구 반지름	6.4×10^6	수소원자 반지름	5×10^{-11}
에베레스트산 높이	8.85×10^3	프로톤 지름	1×10^{-15}

속도에 날개가 달렸나 봐!
가속도

이런 장면을 상상해보라. 비가 내린 뒤, 곧게 뻗은 기찻길 옆에서 달팽이 한 마리가 잠을 자고 있는데 열차 한 대가 등속으로 달려오고 있다. 열차 바퀴와 철로가 마찰하는 소리에 잠에서 깬 달팽이는 다른 쉴 만한 장소를 찾아 나섰다. 그런데 혹시 이 사실을 아는가? 이때의 달팽이와 열차를 비교하면 한 가지 운동 지표에서 달팽이가 열차를 이기게 된다. 바로 가속도인데 열차는 가속도가 없지만 달팽이는 가속도가 있다.

한 가지 더 생각해보자. 페라리 레이싱카와 유로파이터 타이푼Eurofighter Typhoon 전투기가 속도 대결을 벌인다. 급가속하며 출발한 결과, 누가 이길까?

2003년 12월 11일, 'F1의 황제' 미하엘 슈마허Michael Schumacher 가 페라리 F2003-GA를 타고 이탈리아 그로세토Grosseto의 한 공

군기지 비행장 활주로에서 유명한 전투기 유로파이터 타이푼 2000과 진검승부를 벌였다. 페라리 레이싱카는 중량이 0.6톤인데 반해 전투기는 21톤이었으며, 이탈리아 우주비행사인 마우리지오 켈리^{Maurizio Cheli}가 조종간을 잡았다. 페라리 F2003-GA의 최고속도는 시속 369㎞였고 유로파이터 타이푼 2000은 무려 시속 2,448㎞나 되었다. F2003-GA와 타이푼 2000은 600m, 900m, 1,200m, 이렇게 세 차례 대결을 펼쳤다.

첫 번째로 거리가 가장 짧은 600m 대결에서는 페라리 레이싱카가 이겼다. 경기 중, 400m를 지나는 구간에서 이미 타이푼 2000의 바퀴는 지면을 떠난 상태였다. 자동차와 전투기가 대결을 벌이는 장면은 소름 끼칠 만큼 짜릿했고 수많은 관중이 이 특별한 대결을 지켜봤다. 슈마허는 대결이 끝나고 이렇게 말했다.

"정말 흥미로운 경험이었다. 이번 대결은 내게 깊은 인상을 남겼다."

비록 뒤이은 900m, 1,200m 대결에서는 지고 말았지만 첫 번째 대결에서 레이싱카가 이긴 이유를 알겠는가? 혹자는 레이싱카가 더 빨리 가속할 수 있기 때문이라고 답할 것이다. 그러면 생각해보자. 무엇으로 가속의 빠르기를 판단할 수 있을까? 그렇다. 바로 가속도다.

물체의 속도가 시간에 따라 변할 때, 단위 시간당 속도 변화의 비율을 '가속도'라고 하며, 그 계산식은 $a = \frac{\Delta v}{\Delta t}$이다. 국제단위계에서 가속도 단위는 미터 매초 제곱, 다시 말해 미터/초²이며 기호는 m/s²이다. 물체의 운동 속도 변화의 빠르기를 나타내는 물리량으로 속도의 시간에 대한 변화율이라고도 한다. 그리고 가속도가 일정한 직선 운동은 '등가속도 직선 운동'이라고 한다.

가속도는 속도 변화의 빠르기를 나타내는 물리량이므로 만약 어느 물체의 속도에 변화가 없다면 속도가 아무리 빠르더라도 가속도가 없는 셈이 되며, 어느 물체의 속도에 변화가 있다면 그 속도가 아무리 느리더라도 가속도가 있는 셈이 된다.

앞에서 예로 든 달팽이가 기기 시작할 때, 속도는 느렸지만 가속도가 있었다. 하지만 등속으로 달려오는 열차는 속도는 빨랐지만 가속도가 없었다. 페라리 레이싱카가 600m 경주에서 전투기를 이긴 까닭도 레이싱카의 가속도가 컸기 때문이다. 레이싱카가 최대 속도까지 가속을 하고 나면 등속도 운동을 시작하며 가속도가 0이 된다. 반면 전투기의 경우, 가속도는 레이싱카보다 작지만 더 긴 시간 지속적으로 가속할 수 있으므로 뒤로 갈수록 속도가 점점 더 빨라지기 때문에 900m와 1,200m 경주에서는 레이싱카보다 앞서게 된다.

　레이싱카와 전투기의 대결 과정을 곰곰이 생각해보면, 레이
싱카든, 전투기든 가속 단계에서 속도가 증가하면서 가속도는
줄어들어 결국 가속도가 0이 되어 속도가 더 이상 증가하지 않
는 단계에 이른다는 사실을 깨닫게 된다. 그래서 가속 단계에서
'가속도 감소'는 '속도 감소'를 의미하는 것이 아니라 '속도 증가
감소'를 의미하며 이때도 속도는 일정하게 유지되고 있다.

　신문 기사를 인용해보자. '최근 들어 국내 부동산 가격이 폭등
하고 있다. 정부의 거시 정책 조정 결과, 부동산 가격 상승폭이
줄어들기 시작했다.' 여기에서 부동산 가격의 '폭등'을 물체 운

동에서의 '가속'에 비유한다면 '부동산 가격 상승폭이 줄어들기 시작한 것'은 '속도는 계속 증가하지만 가속도가 감소한 것'으로 이해할 수 있어, 결국 부동산 가격이 떨어진 것이 아니라 그저 가격 증가 속도가 느려진 것뿐임을 알 수 있다.

또 다른 예를 들자면, 1972년 미국의 닉슨 대통령은 연임을 노리던 경선 기간에 재임기간 동안 인플레이션 가속도를 늦출 것이라고 공언한 바 있는데, 닉슨은 변화율의 과학적 개념으로 자신의 재능을 증명한 최초의 국가 지도자가 되었다.

'사망 가속도'라는 말을 들어봤는가?

'사망 가속도'는 서양 일부 국가에서 쓰는 용어로 그 수치는 중력가속도 g(약 10m/s²)의 500배다. 이 수치는 교통사고가 일어났을 때, 자동차의 가속도가 이 수치에 달했을 경우, 심각한 인명피해가 발생할 수 있다고 경고하기 위해 정해졌다. 정상적으로 운행하는 차량(레이싱카 포함)은 이 수치에 도달할 수 없다. 그러나 교통사고가 발생했을 때, 만약 충돌 시간이 매우 짧다면(밀리초 단위) 가속도 수치가 매우 클 수도 있다. 그렇다면 사람이 견딜 수 있는 가속도 수치는 어느 정도일까? 다음 몇 가지 수치를 참고할 수 있다.

보통 사람이 롤러코스터를 탈 때 견뎌야 하는 가속도는 약 5g이다. 지속 시간이 짧은 편이지만 사람에 따라서는 구토와 불편

함을 느낄 수 있다.

　오랜 시간 훈련을 받은 우주비행사는 상당한 시간 동안 8g의 가속도를 견딜 수 있다. 1954년, 존 폴 스탭John Paul Stapp 박사는 미국 뉴멕시코주에서 인류 역사상 가장 빠른 가속 및 감속 기록을 세웠다. 당시 그는 46.2g의 가속도를 견디며 바람막이가 없는 로켓 썰매에 탄 채 실험을 진행하다가 이틀 동안 시력을 잃었고 갈비뼈, 팔, 손목이 부러지는 심각한 부상을 당했다. 스탭 박사의 연구 결과, 알맞은 자세와 보호 장비만 있다면 사람의 몸은 적어도 단시간 동안 사망의 우려 없이 45g을 견딜 수 있다. 단, 이 수치는 사람의 몸이 견딜 수 있는 최대치라고 볼 수 있다.

번지점프하기 전에 낙하 시간을 어떻게 예측할까?
자유낙하운동

많은 사람이 여전히 열광하는 번지점프는 굉장히 짜릿한 야외 활동으로 담이 큰 사람들의 놀이이자 세계 9대 익스트림 스포츠 중 하나다. 번지점프 과정은 다음과 같다.

먼저 도전자는 높은 곳에 선 채로 한쪽 끝이 고정된 탄성 있는 긴 줄을 복사뼈 관절 부위에 묶는다. 탄성 있는 고무줄이 굉장히 길기 때문에 도전자가 두 팔을 옆으로 펼치고 두 다리를 모으고 머리를 아래쪽으로 해서 뛰어내리면 공중에 머무는 동안 일시적으로 '자유 낙하'를 '즐길' 수 있다. 인체가 수면(또는 지면)으로부터 일정 거리 떨어진 곳까지 낙하하면 줄이 팽팽해지면서 낙하 속도가 점점 줄어들다가 최저점에 이르러 속도가 0

이 된다. 그러면 줄이 튕겨 오르며 인체를 두 번째 최고점까지 끌어올린 뒤, 다시금 낙하하기 시작한다.

이 과정을 몇 차례 반복하다가 탄성이 점점 줄어들며 정지하게 된다. 이 과정에서 도전자는 무중력 상태와 고중력 상태를 번갈아 오가게 된다. 특히 자유낙하 단계에서 완전한 무중력 상태에 놓이면 인체는 곧장 심각한 스트레스 상태로 돌입하면서 순간적으로 아드레날린 등의 호르몬을 대량으로 분비해 아찔한 흥분감을 느끼게 된다.

그렇다면 짜릿함을 만끽할 수 있는 이 '순간'은 얼마나 길까? 정지되어 있던 물체가 오직 중력만을 받아 지면을 향해 떨어지는 운동을 '자유낙하운동'이라고 한다. 자유낙하운동은 초기 속도가 0인 등가속도 직선 운동이다. 실제 문제에서 공기의 저항이 작아 무시해도 될 경우, 물체의 낙하도 자유낙하운동과 비슷하다고 볼 수 있다.

자유낙하운동의 가속도는 중력가속도 g와 같으며 일반적으로 $g = 9.8 m/s^2$으로, 어림해서 $g = 10 m/s^2$이라고 계산한다. 자유낙하운동의 최종속도(v), 운동시간(t), 낙하높이(h)는 다음 공식을 따른다.

$$v = gt = \sqrt{2gh}$$
$$t = \sqrt{\frac{2h}{g}}$$

번지점프 높이는 보통 40미터 이상인데 중국 최초의 번지점프대인 베이징의 팡산 스두 번지점프대의 예를 보자. 베이징 스두 관광지는 1997년 바두 치린산 절벽에 중국 최초로 번지점프대를 설치했는데 수면까지의 거리는 48미터였다. 그리고 1998년에는 기존의 번지점프대 옆에 55미터 높이의 번지점프대가 추가로 신설되었다. 이 두 번지점프대에서의 자유낙하시간을 계산해보자.

위의 공식을 활용하면 48미터와 55미터 높이에서의 자유낙하시간은 각각 약 3.1초와 3.3초이고 최종속도는 약 30m/s와 33m/s로, 이는 108km/h와 118.8km/h에 해당한다. 줄의 탄성을 고려하면 실제로 맨 처음 공중에서 자유낙하한 길이는 번지점프대 높이보다 짧을 테지만(이에 따라 최종속도도 계산된 수치보다 느릴 것이다) 번지점프 과정에서 자유낙하운동이 수차례 반복된다는 점을 감안하면, 실제로 총 자유낙하시간은 계산한 수치보다도 길 것이다.

번지점프의 인기가 대단한 뉴질랜드에는 지구 남반구에서 가장 높은 곳에 위치한 '네비스Nevis' 번지점프대가 있다. 네비스 번지점프대는 높이가 134미터, 자유낙하시간은 8.5초이며 공식에 따라 계산한 첫 번째 자유낙하시간은 약 5.2초이다. 이보다 더 높은 번지점프대도 있다. 미국 로열 협곡 현수교Royal Gorge Bridge 번지점프대는 높이가 무려 321미터에 이른다. 이 높이에서 번지점프를 할 경우, 총 자유낙하시간은 약 15초(공식으로 계산한 첫 번째 자유낙하시간은 약 8초)이고 최대낙하속도는 250km/h나 된다. 생각만 해도 아찔하지 않은가?

모든 물체에 적용되는 자유낙하운동 법칙이 동일한가?

답은 'YES'다. 아마 의아할 수도 있을 것이다. '이상하다. 종이가 돌멩이보다 떨어지는 속도가 느리던데?' 사실 그 이면에는 '공기 저항'이라는 요인이 숨어있다. 만약 공기로부터 받는 저항이 없다면 모든 물체의 낙하 상황은 똑같을 것이다.

자유낙하 실험을 위한 신기한 장비가 있다. 약 1미터 길이의 유리관인데 한쪽 끝은 막혀있고 반대쪽에는 공기를 뽑아내는 밸브가 연결되어 있으며 유리관 안에는 깃털, 작은 공, 작은 금

속 조각(또는 작은 동전) 등이 들어있다. 공기흡입기로 유리관 내부의 공기를 모두 뽑아내 진공 상태로 만든 뒤 밸브를 잠그면 물체의 낙하속도는 중력의 크기, 물체의 모양과 상관이 없음을 확인할 수 있다.

달에서는 공기가 없으므로 공기의 저항을 받을 일이 없어 진공관 없이도 이 실험을 진행할 수 있다. 1971년 7월 26일 발사된 '아폴로 15호' 비행선은 처음으로 달 표면 탐험에 사용될 월면차Lunar Roving Vehicle(달 표면의 탐험에 사용되는 자동차)를 달로 보냈다. 이때 미국 우주비행사 데이비드 스콧David Scott이 이와 비슷한 실험을 했다. 스콧은 같은 높이에서 깃털과 망치를 동시에 떨어뜨렸는데 둘이 지면에 닿은 시간이 똑같았다. 이는 망치와 깃털의 가속도가 같다는 뜻으로 다시금 자유낙하운동 규칙을 증명했다.

중력가속도 g는 고정불변의 값인가?

답은 'NO'이다. 자유낙하운동 중 중력가속도 g의 값은 위치한 위도와 관련이 있다. 즉, 위도가 높을수록 g값도 크다. 이는 본질적으로 지구의 자전으로 인한 것이다.

자유낙하운동 법칙에 따르면, 실험으로도 중력가속도를 측정할 수 있는데 과학자들은 지구 곳곳에서 정확한 실험을 수차례 실시했다. 그 결과, 각기 다른 장소의 중력가속도 값은 서로 달

랐다. 북극의 중력가속도 값은 적도에서의 값보다 좀 더 컸다.

다음은 각기 다른 장소의 중력가속도 크기를 나타낸 표이다.

장소	적도	광저우 (廣州)	상하이 (上海)	베이징 (北京)	모스크바	북극
위도	0°	23°06′	31°12′	39°56′	55°45′	90°
g값(m·s^{-2})	9.780	9.788	9.794	9.801	9.816	9.832

물리 오락실

평소 생활하다 보면 굉장히 빨리 반응해야 하는 상황이 있다. 한마디로 반응시간이 짧아야 한다는 것이다. 반응시간이란, 어떤 정보나 자극을 받아 그에 따른 행동을 취하기까지 걸리는 시간을 말한다. 직선자를 준비해 친구와 함께 자신의 반응시간을 재보라.

먼저 친구에게 직선자의 끝을 수직으로 잡게 하고 나는 직선자의 눈금 0이 있는 곳을 손으로 가리킨다. 이때 손이 직선자에 닿아서는 안 되며 상대방이 손을 떼는 상황이 아니라 직선자 자체에 시선을 고정해야 한다. 상대방이 손을 놓아 직선자가 떨어진다는 사실을 인지하자마자 자를 잡는다. 직선자가 얼마만큼 떨어졌는지를 확인하고 위에서 설명한 내용을 활용하면 자신의 반응시간을 계산할 수 있다.

사람의 반응시간은 대개 0.2~0.4초 이내다. 훈련을 통해 특수한 상황에서의 반응시간을 단축시킬 수 있지만 아무리 줄여도 0.1초는 넘는다.

운동 문제를 분석하는 도구

도표

도로 위를 달리는 자동차는 앞차와의 안전거리를 일정하게 유지해야 한다. 정지거리와 차량 속도의 관계를 보다 구체적으로 보여주기 위해《운전자 수칙》은 안전거리 수치와 도표를 제시한다. 예를 들어 운전자의 반응시간이 0.9초라면 반응시간과 차량 속도에 따라 반응 거리를 계산해낼 수 있다. 여기에 제동 거리까지 고려하면 안전을 보장할 수 있는 정지거리를 알아낼 수 있다.

차량 속도(km·h^{-1})	반응거리(m)	제동거리(m)	정지거리(m)
40	10	10	20
60	15	22.5	37.5
80	20	40	60

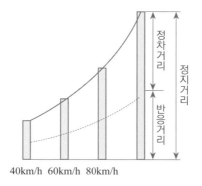

정차거리
반응거리
정지거리

40km/h 60km/h 80km/h

위의 표와 그래프는 운전자가 차량 속도가 정지거리에 미치는 영향을 정확하게 인식하도록 도와준다. 물리과목을 공부하는 데 그래프는 시각화를 도와주는 매우 유용한 도구이다. 이는 수많은 문제를 보다 쉽게 연구하는 데 도움을 줄 뿐만 아니라, 문제의 본질을 더욱 정확하게 파악할 수 있도록 도와준다. 다음에서 운동 문제에 응용된 그래프를 살펴보자.

등속 직선 운동의 그래프

등속 직선 운동은 임의의 동일한 시간 내에 발생한 변위가 똑같은 운동이며 가장 단순한 그래프 형태를 보인다. 등속 직선 운동은 속도가 변하지 않고 변위와 시간이 정비례, 즉 $x \propto t$라는 특징이 있다. 예를 들어 물체 A와 B가 동일한 직선상에서 등속 직선 운동을 하고 있고 B의 속도가 A보다 크다면 두 물체의 운동은 다음의 표로 나타낼 수 있다.

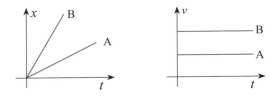

속도의 정의에 따라 표를 합치면 $v = \dfrac{\Delta x}{\Delta t} = \dfrac{x_0 - 0}{t_0 - 0} = \tan \alpha$, 즉 변위 그래프의 기울기가 물체의 속도를 나타낸다.

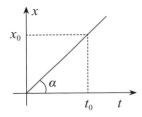

이 밖에 등속 직선 운동 중 $x = vt$, 즉 속도-시간 그래프에서 직사각형의 면적이 변위다.

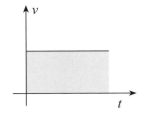

등가속도 직선 운동

물체가 일정한 가속도로 일직선상에서 하는 운동을 '등가속도 직선 운동'이라고 한다. 등가속도 직선 운동은 모든 변속 운동 중에서 가장 단순한 형태이다. 등가속도 직선 운동은 다시 등가속 운동과 등감속 운동으로 나뉜다. 가속도가 일정하기 때문에 등가속도 직선 운동의 속도는 시간에 따라 일정하게 변한다. 즉, $v=v_0+at$이다. 만약 물체의 초기속도가 0이라면 속도는 $v=at$로 표기할 수 있다. 가속도의 정의에 따라 그래프를 합치면 마찬가지로 속도-시간 그래프의 기울기가 물체의 가속도를 나타낸다.

그렇다면 변위는 어떻게 나타낼까? 그래픽 도구를 활용해 무한히 분할하는 방법으로 변위를 표현할 수 있다. 아래 그림에서 물체가 초기속도 v_0으로 등가속도 직선 운동을 하며 시간 t를 거쳤을 때, 변위는 얼마나 되는가?

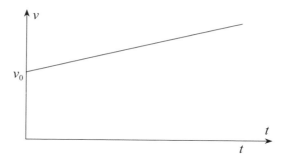

예를 들어 시간을 무수히 많은 짧은 시간 간격으로 쪼개고 각각의 짧은 시간 간격 내에서, 물체가 항상 등속도 직선 운동을 한다고 가정해보자. 그러면 변위 값은 해당 시간 간격 내 속도-

시간 그래프 아래쪽의 좁고 길쭉한 직사각형의 면적과 같아진다. 시간을 조밀하게 쪼갤수록 가정한 운동이 실제 운동 상태에 근접하게 된다.

이처럼 시간을 무수히 많은 짧은 시간 간격으로 쪼개서 실제 상태에 근접하게 만드는 방법으로 물체의 시간 t 내의 변위 값이 속도-시간 그래프 아래쪽 사다리꼴의 면적과 같음을 알 수 있다. 즉, 변위의 값을 알 수 있는 식, $x = v_0 t + \frac{1}{2} a t^2$을 유도할 수 있다.

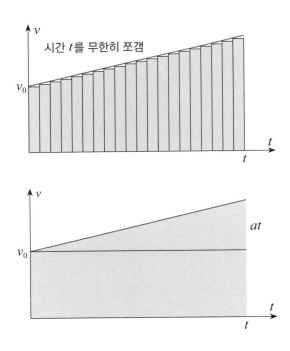

45°로 던져야 가장 멀리 나갈까?
포물선 운동 알아보기

　두 친구가 체육시간에 포환던지기를 앞두고 옥신각신하고 있다. A는 포환을 더 멀리 던지려면 수평과 45° 각도를 이루게 던져야 한다고 주장한다. 어른들이 항상 그렇게 말했기 때문이다. B는 사람에 따라 다 다르다며 A의 주장에 반대한다. 도대체 누구 말이 맞는지 한번 생각해보자.

물체가 일정한 초속도로 던져졌다. 만약 공기 저항 효과를 무시하고 물체가 지표 근처에서 운동한다면 이 물체의 운동 높이는 지구 반지름보다 훨씬 작을 것이다. 또한 운동 과정에서 이 물체의 가속도는 수직으로 아래를 향하는 중력가속도와 동일할 것이다. 따라서 포물선 운동은 가속도가 일정한 곡선운동이라고 볼 수 있다. 포물선 운동은 연직 상방 운동, 연직 하방 운동, 수평으로 던진 물체의 운동, 비스듬히 던진 물체의 운동으로 나눌 수 있다. 포물체에 대한 문제는 대개 운동의 형태를 합치고 나눠서 해결한다.

지식 카드

각기 독립적으로 진행되는 여러 가지 운동이 합쳐져 특정한 운동을 이루는 것은 '운동의 중첩 원리'라고 한다.

운동의 중첩 원리에 따라 포물선 운동은 두 개의 직선 운동이 중첩된 운동으로 볼 수 있다. 포물선 운동 문제는 대개 다음의 방법으로 해결한다.

포물선 운동을 수평 방향의 등속 직선 운동(초속도 $v_{0x}=v_0\cos\theta$)과 수직 방향의 등가속도 직선 운동(초속도 $v_{0y}=v_0\sin\theta$)으로 나눈다. 그림처럼 포물체의 궤적이 위치한 평면을 좌표축 평면, 포물체가 투사되는 지점을 좌표 원점, 수평 방향을 x축, 수직 방향을

y축으로 삼으면 포물선 운동 규칙은 다음과 같다.

수평 방향 변위 $x = v_0 \cos\theta \cdot t$

수직 방향 변위 $y = v_0 \sin\theta \cdot t - \dfrac{1}{2}gt^2$

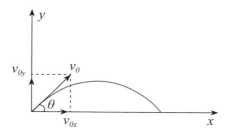

t를 없애면 포물선 궤적 방정식 $y = x\tan\theta - \dfrac{g}{2v_0^2 \cos^2\theta}x^2$을 구할 수 있는데 이는 아래쪽으로 반원을 그리는 형태의 이차함수이다. 이 이차함수 그래프를 '포물선'이라고 부른다.

포물선 운동은 대칭성을 보인다. 던진 지점과 떨어진 지점이 동일한 수평면상에 있는 경우, 상승 시간과 하강 시간이 동일하며 상승과 하강이 동일한 높이를 지날 때 속도의 크기도 동일하고 속도 방향과 수평 방향의 끼인각의 크기도 동일하다. 던진 지점과 떨어진 지점이 동일한 수평면상에 있는 경우, 포물선 운동 시간 T, 최고점 높이 H, 수평 도달 거리 R의 공식은 다음과 같다.

$$T = \frac{2v_0 \sin \theta}{g}$$

$$H = \frac{v_0^2 \sin^2 \theta}{2g}$$

$$R = \frac{v_0^2 \sin 2\theta}{g}$$

일정한 초속도로 수평 방향으로 던진 포물선 운동을 수평으로 던진 물체의 운동이라고 한다. 이 운동의 분석 방법은 비스듬히 던진 물체의 운동과 같다.

45°로 던져야 가장 멀리 나갈까?

답은 '상황에 따라 다르다'이다. 일정한 초속도로 던진 물체의 수평 도달 거리가 최대가 되는 각도를 '최대 수평 도달 거리 각도'라고 한다. 위에 설명한 수평 도달 거리 공식에서 볼 수 있듯이, θ=45°일 때, sin2θ=1이고, R은 최댓값인 $R=\frac{v_0^2}{g}$를 얻는다. 흔히 '45°일 때 수평 도달 거리가 최대'라고 하는 이유는 바로 이 때문이다. 그러나 이 결론의 전제는 던진 지점과 떨어진 지점이 동일한 수평면상에 있어야 하고, 공기의 저항을 무시해야 한다는 점이다. 이는 포환을 던지는 상황에는 맞지 않다. 던진 지점이 떨어진 지점보다 높고, 투척자의 키와 팔 길이에 따라 높이가 달라지기 때문이다.

따라서 위의 사례 A의 주장은 옳지 않다. 공기 저항을 무시한다면, 중고등학생이 포환을 던졌을 때의 최대 수평 도달 거리 각도는 약 42.5°이다.

공기 저항의 영향

사실 포탄을 발사하거나 사격을 할 때, 공기 저항이 사거리에 영향을 미치는 것은 명백한 사실이다. 공기 저항이 탄환의 사거리에 가장 지대한 영향을 미칠 경우, 최대 사거리 각도는 45°보다 작다. 예를 들어 소총은 탄환의 비행 속도가 공기 저항의 영향을 크게 받기 때문에 최대 사거리 각도가 30° 정도밖에 안 된다. 비행시간이 탄환의 사거리에 가장 큰 영향을 미칠 경우, 최대 사거리 각도는 45°보다 크다. 예를 들어 구경이 크고 초속도가 빠른 장거리포는 45°보다 큰 각도로 쏠 경우, 탄환이 조밀한 대기층을 뚫고 공기가 희박해 저항이 적은 고공을 비행하므로 비행시간을 연장해 더 긴 사거리를 얻을 수 있다.

제2차 세계대전 말, 나치 독일은 파리를 심리적으로 압박할 용도로 '파리 대포Paris Gun'를 만들었다. 파리 대포는 구경 210mm, 초속도 1,700m/s, 포탄 중량 125kg이었다. 파리 대포가 최대 사거리 127km에 이를 때, 포탄의 최대 비행 고도는 39km, 체공 시간은 3.5분에 달했다. 파리 대포의 최대 사거리 각도는 53°였다.

추시계의 원리
단진동의 응용

추시계와 작은 기계식 알람시계의 내부 구조를 살펴본 적이 있는가? 안쪽의 톱니바퀴와 스프링을 보면서 '우와, 이렇게 복잡했구나!' 하면서 감탄하지는 않았나? 시계 내부 구조가 복잡하기는 하지만 사실 시계가 돌아가는 원리는 단순하다. 기계식 알람시계는 주로 용수철의 복원력을 이용해 서로 맞물린 톱니바퀴가 바늘을 운동시켜 시간을 측정한다. 추시계의 작동 원리를 이해하려면 중요한 물리 법칙 중 하나인 단순조화운동(단진동)의 등시성을 알아야 한다.

우측 그림의 장치는 용수철 진자$^{\text{Spring Pendulum}}$이다. 용수철의 탄성 한도 내에서 마찰 저항을 무시하면 진자(추)는 $-A$와 A 사이에서 주기적으로 왕복운동을 한다. 이러한 운동을 물리학에서는 '단진자 운동'이라고 한다. 그림에서 진자가 평형 위치 O에서 멀어지는 최대 거리를 '진폭'이라고 한다. 이는 진동의 강약을 나타내는 물리량으로 진폭이 클수록 진동이 강하다. 진자가 O점에서 $-A$까지 갔다가 다시 A로 운동한 다음, O점으로 돌아가는 진동 과정을 1회 진동이라고 한다. 단순조화운동을 하는 물체가 1회 진동을 완료하는 데 걸리는 시간을 '주기'라고 하고 T로 나타낸다. 단위 시간(1초) 동안 완성한 진동의 횟수를 '진동수'라고 하며 f로 표기한다.

연구 및 계산 결과, 단순조화운동의 주기는 $T = 2\pi\sqrt{\dfrac{m}{k}}$으로 진폭과는 무관하며, m은 진동 물체의 질량, k는 진동계의 고유상수이다.

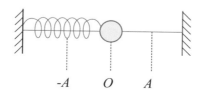

추의 등시성

다음 그림의 장치를 '단진자(주변에서 흔히 볼 수 있는 그네와 같은 것)'라고 하는데 질량이 m인 작은 추가 실선에 연결돼 A점에 매달려 있다. 매달린 추가 최저점 근처에서 작은 각도로 왕복해서 흔들리는 경우, 단순조화운동으로 볼 수 있는데 그 운동 규칙은 용수철 진자의 운동 규칙과 똑같다. 단진자 진동계의 고유상수 $k = \dfrac{mg}{l}$(l은 길이, 즉 고정점에서 추의 중심까지의 거리)이므로, 그 주기 $T = 2\pi\sqrt{\dfrac{l}{g}}$, 즉 단진자의 진동 주기는 실의 길이와 중력가속도와만 관련이 있으며 진폭, 추의 질량과는 무관하다. 이 규칙을 이용해 만든 것이 바로 추시계다.

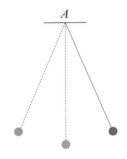

1583년, 이탈리아 물리학자 갈릴레이는 추의 등시성을 발견했다. 1657년, 네덜란드 물리학자 호이겐스는 추의 등시성 원리를 이용해 추시계를 발명했고, 이후 끊임없는 개선을 거쳐 오늘에 이르렀다.

추시계에서 흔들리는 부분을 시계추라고 하는데 대다수 추시계의 시계추는 초당 1회씩 왕복운동을 한다. 하지만 초당 2회씩 왕복운동을 하는 뻐꾸기시계도 있고, 큰 탁상시계 중에는 2초당

1회씩 왕복운동을 하는 것도 있다. 진동 주기가 아무리 크더라도 모든 추시계의 주기는 정해져 있다. 시계추가 1회 진동할 때마다 시곗바늘은 고정된 각도를 돌아 시간을 측정한다.

　시계추가 흔들릴 때 저항을 받기 때문에 계속 움직이도록 동력을 제공하지 않으면 시계추 진폭이 점점 줄어들어 결국 서서히 멈추게 된다. 이러한 운동을 물리학 용어로 '감쇠진동^{Damped} ^{Oscillation}(진동계에서 진폭이 시간과 더불어 줄어드는 현상-역주)'이라고 한다. 추시계가 계속 시간을 측정하게 하려면 시계추가 멈추지 않게 에너지를 공급해줘야 하므로 정기적으로 태엽을 감아주거나 배터리를 사용해야 한다.

영국 빅 벤(Big Ben) 내부에도 거대한 시계추가 있다.

이번 장을 다 읽었다면 다음 문제들을 풀어보며, 스스로 생각하고 연구하면서 물리학의 세계에 빠져보자.

Task 1 주변 환경을 관찰한 뒤, 기준틀 개념이 일상생활에서 응용된 사례를 몇 가지만 열거해보자.

Task 2 기계식 초시계를 준비해 사용 방법을 생각해보자.

기계식 초시계로 문장 하나를 빠르게 낭독하는 데 걸린 시간을 재보고 분당 낭독한 글자 수를 세어보자. 그리고 나서 뉴스보도를 들으며 시계로 시간을 기록한 뒤, 아나운서가 1분 동안 보도한 내용의 글자 수를 계산해보자. 낭독 속도가 더 빠른 사람은 누구인가?

Task 3 아파트 25층에서 떨어진 돌멩이가 지면에 닿을 때의 속도는 얼마인가?

계산해보자. 만약 돌멩이가 지면에 닿은 후 0.1초 만에 멈춘다면 이 감속 과정에서 가속도는 얼마인가? 자유낙하 가속도의 몇 배인가?

(Tip : 중국《주택설계규범》중 층높이에 관한 규정에 따르면 일반 주택의 층높이는 2.80m가 알맞다. 높은 곳에서 떨어지는 물체의 위험성을 이해할 수 있는 실험이 될 것이다.)

Task 4 사람의 손발톱이 자라는 속도는 어떻게 잴 수 있을까?

측정 결과를 바탕으로 만약 1년 동안 손발톱을 자르지 않으면 얼마나 길지 계산해보자.

(Tip : 손발톱이 자라는 속도는 개인마다 차이가 있으며 나이, 기후, 밤낮의 순환, 영양 상태, 성별 등 여러 가지 요소의 영향을 받는다. 다섯 손가락의 손톱이 자라는 속도도 서로 다르다. 또 손톱이 자라는 속도가 발톱이 자라는 속도보다 빠르다.)

Task 5 기차여행을 할 때, 열차의 운행 속도를 재보자.

중국의 고속철도는 전기철도다. 그래서 기차를 타면 1~2초마다 창밖으로 전봇대가 하나씩 보일 것이다. 만약 전봇대 간의 거리를 안다면 간단한 시간 측정만으로 기차의 운행 속도를 계산할 수 있다. 열차 안 모니터에 표시된 열차 운행 속도와 답을 비교해보자.

(Tip : 여기서 말한 '전봇대'는 사실 중국 전기기관차에 전력을 공급하기 위해 철로를 따라 공중에 설치한 송전선로인 고속전기화철로접촉망의 기둥이다. 기둥 사이의 간격은 '경간'이라고 하며 대체로 경간 거리는

65m이다.)

Task 6 지구의 지질구조판 이론과 관련된 자료를 찾아보고
소논문을 한 편 써 보자.

(**Tip** : 지질구조판 이론의 핵심 관점, 지구의 판이 서서히 이동하는
원인, 각각의 판의 이동 속력, 10만 년 뒤 지구 판 분포와 현재의 차이 등
이 있다. 판은 매우 느리게 이동하지만 시간의 힘은 거대하다.)

1. 좌표계

물체의 운동을 서술할 때, 움직이지 않는다고 가정하고 좌표로 삼는 물체나 물체계를 말한다.

2. 질점

물체를 대신하는, 질량이 있다고 간주되는 이상적인 점을 말한다. 물체의 운동을 연구할 때, 그 모양과 크기가 연구 결과에 미치는 영향을 무시해도 된다면 그 물체를 질점으로 볼 수 있다. 이상적인 모형을 만드는 것은 물리 문제를 분석하고 해결할 때 흔히 쓰이는 방법으로 실제 문제를 과학적으로 추상화해 복잡한 물리 문제를 단순화할 수 있다.

물리학에서는 여러 가지 이상화 모형을 사용하는데 질점, 질량이 없으며 길이 변형이 불가한 막대, 마찰이 없이 매끈매끈한 가상의 표면, 자유낙하운동, 전하가 공간의 한 곳에 집중한 점전하, 주파수에 관계없이 순저항이 되는 정저항 회로 등은 모두 부차적인 요소는 무시하고 주요 요소만 강조한 이상적 모형이다.

3. 변위와 경로

	정의	구별	관계
변위	변위는 질점 위치의 변화를 나타내며 처음 위치에서 나중 위치로 향하는 지향선분으로 나타낼 수 있다.	변위는 벡터로, 방향은 처음 위치에서 나중 위치로 향한다. 벡터와 경로는 무관하다.	단방향 직선운동에서 변위의 크기는 이동거리와 같다. 일반적인 상황에서 변위의 크기는 이동거리보다 작다.
거리	거리는 질점 운동 궤적의 길이이다.	거리는 스칼라로, 방향이 없다. 거리와 경로는 관련이 있다.	

4. 속도와 가속도

(1) 속도

① 평균속도

정의 : 운동하는 물체의 변위와 이 변화가 일어나는 데 걸린 시간의 비율이다. $v = \dfrac{\Delta x}{\Delta t}$

물리적 의의 : 물체 운동의 빠르기를 나타낼 수 있다.

방향 : 물체의 위치가 변한 방향과 같다.

② 순간속도

정의 : 운동하는 물체의 어느 위치 또는 어느 시간에서의 속도이다. 공식 $v = \dfrac{\Delta x}{\Delta t}$에서 $\triangle t \rightarrow 0$일 경우, v는 순간속도이다.

물리적 의의 : 운동하는 물체의 어느 시간 또는 어느 위치에

서의 빠르기를 정확하게 나타낼 수 있다.

방향 : 이 위치 또는 이 시간, 물체의 운동 방향과 같다.

③ 평균속력과 순간속력

평균속력 : 운동하는 물체의 이동거리와 이에 걸린 시간의 비율이다.

순간속력 : 운동하는 물체의 순간속도의 크기를 말하며 줄여서 '속력'이라고 한다.

(2) 가속도

정의 : 속도의 변화량과 이 변화가 일어나는 데 걸린 시간의 비율이다. $a = \dfrac{\Delta v}{\Delta t}$

물리적 의의 : 속도 변화의 빠르기를 나타낼 수 있다.

방향 : 속도 변화량 방향과 같다. 속도와 가속도 방향 간의 관계에 따라 물체의 가속 및 감속 여부를 판단할 수 있다.

5. 등가속도 직선 운동

속도와 시간의 관계 : $v = v_0 + at$

변위와 시간의 관계 : $x = v_0 t + \dfrac{1}{2} at^2$

6. 자유낙하운동

정의 : 초속도가 0이고 중력의 작용만 받는 등가속도 직선 운동이다. 즉, $v_0=0$, $a=g$이다.

규칙 : $v=gt$, $h=\dfrac{1}{2}gt^2$, $v^2=2gh$

7. 모양이 같은 x-t그래프와 v-t그래프의 비교

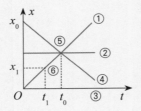 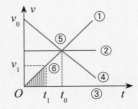

	x-t 그래프	v-t 그래프
①	물체가 등속 직선 운동을 함을 나타내며 기울기는 속도 v를 나타냄	물체가 등가속도 직선 운동을 함을 나타내며 기울기는 가속도 a를 나타냄
②	물체가 정지함을 나타냄	물체가 등속 직선 운동을 함을 나타냄
③	물체가 원점 0에 정지함을 나타냄	물체가 정지함을 나타냄
④	물체가 −방향으로 등속 직선 운동을 함을 나타내며 처음 위치는 x_0임	물체가 등감속도 직선 운동을 함을 나타내며 초속도는 v_0임
⑤	교점 세로 좌표는 운동 물체 3개가 서로 만날 때의 위치를 나타냄	교점 세로 좌표는 운동 물체 3개의 공통 속도를 나타냄

| ⑥ | $0 \sim t_1$ 시간 동안 물체의 변위는 x_1임 | t_1일 때 물체의 속도는 v_1이며, 그림자 부분의 넓이는 $0 \sim t_1$ 시간 동안 물체의 변위를 나타냄 |

마찰은 아주 흔한 현상이다.
대부분의 경우, 굳이 도와달라고 하지 않아도 저절로 찾아와 도와준다.
마찰이 없으면 어떠한 형태의 건물도 지을 수 없고
벽에 박힌 나사도 저절로 빠져나올 것이며 어떤 물건도 집을 수 없다.
한번 불기 시작한 바람은 영원히 멈추지 않을 것이다.

02

힘과 뉴턴의
운동법칙

힘은 물리학 전체를 관통하는 중요한 축이며 운동은 물리학의 주요 연구 분야 중 하나로, 힘과 운동의 관계는 역학에서 가장 중요한 내용이에요. 그중 수많은 기본 법칙과 과학적 사유 방법이 역학, 더 나아가 물리학 전체에서 중대한 의의를 가집니다.

중등 교육과정에서 배우는 운동으로는 등속 직선 운동, 등가속도 직선 운동, 등가속도 곡선 운동(포물선 운동), 등속 원운동, 단순조화운동 등이 있으며, 앞으로 배울 힘에는 장력場力(만유인력, 전기장, 자기장), 탄성력, 마찰력, 분자력, 핵력 등이 있지요. 힘은 상호성(작용력과 반작용력, 동시성도 가짐)과 벡터양(힘은 크기뿐 아니라 방향도 있으며, 계산할 때는 평행사변형의 법칙을 따름)을 비롯해서 작용의 즉시성(뉴턴 제2법칙), 시간과 공간에 대한 누적성(운동에너지 정리와 운동량 정리, 이번 장에서 이야기할 내용임), 작용의 독립성 등의 특징을 보입니다.

이번 장에서는 힘과 뉴턴의 운동 법칙에 관한 내용을 알아보도록 해요.

핵심 내용

- 중력
- 마찰력
- 관성
- 원운동
- 만유인력 법칙
- 탄성력
- 부력
- 뉴턴 3법칙
- 케플러 3법칙
- 인공위성의 운동

중력, 중심과 평형 상태

"기운이 펄펄 나는 할아버지, 한 번도 눕는 일 없지. 작지만 제
자리에 오뚝, 그 누가 밀어도 넘어지지 않아."

이 수수께끼의 답은 어떤 재밌는 장난감인데 아무리 세게 밀
어도 쓰러지지 않고 옆으로 눕혀 놓아도 악착같이 일어난다. 정
답이 무엇일까? 바로 '오뚝이'다. 그렇다면 오뚝이는 왜 쓰러지
지 않고 오뚝 일어나는 걸까?

중력과 중심

지구상의 모든 물체는 지구가 끌어당겨서 생긴 중력의 영향을 받는다. 중력의 크기는 물체의 질량과 정비례한다. 이를 식으로 표현하면 $G=mg$가 된다. 이 중 비례계수는 중력가속도 g이다. 중력의 방향은 항상 수직하향인데 다시 말해 수평면과 수직을 이뤄 지구의 중심을 향한다는 말이다. 중력의 단위는 뉴턴(기호 N)이다. 여기서 구분해야 할 것은 우리가 일상생활 속에서 말하는 '중량'은 대개 물체의 질량을 의미한다는 것이다.

물체의 모든 부분은 중력의 작용을 받는다. 문제를 분석할 때는 중력이 어느 한 점, 즉 물체의 중심에 작용한다고 생각하면 된다. 어떤 물체의 무게중심과 물체의 질량 분포는 기하학적 형상과 관련이 있다. 질량 분포가 균일하고 형상이 규칙적인 물체의 무게중심은 그 기하학적 중심에 있다.

오뚝이의 비밀 ①

수평면 위의 물체가 평형 상태(똑바로 선 채로 넘어지지 않는 것)를 유지하는 조건은 무게중심으로부터 지표면에 내린 수선이 물체를 지지하고 있는 기저면의 범위 안에 있어야 한다는 것이다.

다시 오뚝이 문제를 살펴보자. 오뚝이는 위쪽은 가볍고 아래쪽이 무겁다. 밑 부분에 상당히 무거운 평형추가 들어있어 무게중심이 낮다. 오뚝이 여러 개를 모아서 살펴보면 겉모습에서 한 가지 공통점을 발견할 수 있다. 바로 오뚝이의 밑바닥이 달걀 껍데기와 비슷한 반구 형태라는 점이다. 이는 오뚝이를 받치는 밑면을 더 키우기 위한 설계이다. 중요한 점은 바로 이것이다. 오뚝이가 한쪽으로 기울어질 때, 오뚝이의 무게중심으로부터 지표면에 내린 수선이 여전히 오뚝이를 지지하는 기저면의 범위 안에 있기 때문에 쓰러지지 않고 다시 일어나는 것이다.

알고 보니 안 넘어졌던 것뿐이었어?

사람이 두 발로 땅 위에 우뚝 설 수 있는 것도 사람의 무게중심으로부터 지표면에 내린 수선이 두 발을 지지하는 기저면의 범위 안에 있기 때문이며, 한 발로 서는 것이 더 어려운 이유는 발을 지지하는 기저면의 면적이 줄어들었기 때문이다.

곡예 중에 '정간頂竿'이라는 것이 있는데 정간도 긴 장대의 무게중심으로부터 지표면에 내린 수선이 곡예사가 받치고 있는 장대 기저면의 범위 안에 있는지 여부로 그 성패가 갈린다. 이는 오뚝이의 원리와 똑같다.

술 취한 사람이 이리 기우뚱, 저리 기우뚱하면서도 고꾸라지지 않는 이유도 이와 비슷하다. 걸을 때, 사람의 무게중심으로부터 내린 수선은 틀림없이 두 발을 지지하는 기저면 범위를 벗어나 있는데 왜 넘어지지 않는 걸까? 그 이유는 다음과 같다.

사람이 앞으로 걸음을 내디딜 때, 예를 들어 왼 다리를 앞으로 내디디면 무게중심의 수선이 오른 다리의 기저면 범위 밖으로 나가므로 앞으로 고꾸라져야 한다. 그러나 실제로 이와 같은 상황은 일어나지 않는다. 앞으로 내디딘 왼 다리가 이미 앞쪽의 지면을 밟아 무게중심의 수선이 다시 두 다리를 지지하는 기저면 범위 안에 들어가게 되기 때문이다. 그래서 앞쪽으로 발을 내딛어도 넘어지지 않게 된다. 사실 걷는 것은 끊임없이 앞으로 쓰러지는 행위인데 고꾸라지기 전에 하는 동작이 수평면상에서 똑바로 서서 넘어지지 않을 조건을 충족하기 때문에 바닥과의 충돌을 피할 수 있는 것이다.

오뚝이의 비밀 ② : 평형 상태

왜 오뚝이는 힘에 밀려 쓰러졌다가도 다시 일어날 수 있는 걸까? 그 이유를 알려면 또 다른 분야의 지식이 필요하다. 외력을 제거한 뒤, 오뚝이가 다시금 평형 상태를 회복한다는 것은 오뚝이가 외력의 간섭을 이겨내고 평형을 유지하는 능력이 있음을 의미한다. 흔히 물체의 평형 상태는 안정 평형, 불안정 평형, 그리고 중립 평형, 이 세 가지로 나뉜다.

| 안정 평형 | 불안정 평형 | 중립 평형 |

안정 평형 : 평형 위치에서 벗어난 뒤에도 원래의 평형 상태를 회복해 유지하는 상태를 '안정 평형'이라고 한다. 전형적인 예로 공 모양의 물체가 오목한 홈 안에 있는 상황을 들 수 있다.

불안정 평형 : 평형 위치에서 벗어난 뒤, 원래의 평형 상태를 회복하지 못한 상태를 유지하는 것을 '불안정 평형'이라고 한다. 전형적인 예로 공 모양 물체가 볼록한 면 위에 놓인 상황을 들 수 있다.

중립 평형 : 평형 위치에서 벗어난 뒤에 새로운 위치에서 다시 평형을 유지하는 물체가 원래 평형을 유지하는 상태를 '중립 평형'이라고 한다. 전형적인 예로 공 모양 물체가 수평한 평면 위에 놓인 상황을 들 수 있다.

평형 상태를 판단할 수 있는 간단한 방법이 있다. 물체가 원래의 평형 위치를 벗어난 뒤 그 무게중심의 오르내림을 살펴보면 된다. 즉, 물체가 원래의 평형 위치를 벗어난 후에 무게중심이 높아졌다면 안정 평형이다. 이와 달리 물체가 원래의 평형 위치를 벗어난 후에 무게중심이 낮아졌다면 불안정 평형으로 볼 수 있다. 또 물체가 원래의 평형 위치를 벗어난 후에 무게중심의 높이가 변하지 않았다면 중립 평형이다.

'오뚝이를 쓰러뜨려도 다시 오뚝 서는' 문제로 돌아가 보자. 오뚝이가 수평면 위에서 안정 평형을 유지하는 이유는 구조 때문이다. 즉, 외부의 힘이 작용해 평형 위치를 벗어나게 되면 무게중심이 올라가게 된다. 그러다가 외부의 힘이 사라지면 곧바로 원래의 평형 상태를 회복하기 때문에 다시 오뚝 서게 되는 것이다. 구체적인 원리를 살펴보자.

오뚝이가 옆으로 기울어지면, 두 가지 힘이 오뚝이에 작용한다. 하나는 외부의 힘이 만든 '외란 토크Disturbance Torque'이고 다른 하나는 자체 중력으로 인한 '저항 모멘트Resisting Moment'이다. 저항 모멘트는 외란 토크와 반대 방향이다. 그래서 외란 토크가 사라지자마자 저항 모멘트가 오뚝이를 제자리로 돌려놓는 것이다. 오뚝이가 똑바로 서면 오뚝이의 중력 작용선과 지지점이 동일선상에 있게 되는 까닭에 중력 토크는 0이다. 일단 외부의 힘이 작용해 오뚝이가 기울어지면 중력의 작용선과 새로운 지지점이 동일선상에 있지 않게 되므로 곧바로 중력 토크가 발생한다.

지식 카드

토크(돌림힘)는 물체에 힘이 작용할 때 물체를 회전시키는 효력을 나타내는 물리량이며, 힘의 크기와 팔의 길이의 벡터곱(외적)이다. '팔의 길이'는 힘의 작용선에서 회전축까지의 수직 거리를 말한다. 힘에 대응하는 것을 '힘팔(Force arm)'이라고 하고, 저항에 대응하는 것을 '저항팔(Resistance arm)'이라고 한다. 그럼 한번 생각해보자. 오뚝이를 밀었을 때, 중력의 팔은 어떻게 변할까?

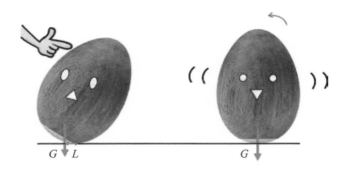

오뚝이가 기울어질 때 지지점이 변하며 중력 작용선이 지지점에서
벗어나게 되는데 이때 중력팔 L은 0이 아님

마지막으로 현실에서 볼 수 있는 예를 들어보자.

'현수형 모노레일'에 대해 들어본 적이 있는가? 현수형 모노
레일은 공중에 놓인 기차 레일 밑에 찻간이 매달린 형태로 운행
하는 열차이다. 얼핏 보기에는 매우 위험해보인다. 하지만 사실

평형 측면에서 본다
면 오히려 레일 위를
달리는 일반 기차보
다 훨씬 안정적이다.
공중에 매달린 열차
는 안정 평형 상태이
지만 일반 열차는 중
립 평형 상태이기 때
문이다.

독일에서는 이미 100년 전부터 현수형 모노레일 개발에 힘써왔다. 지하철이나 경전철에 비해 현수형 모노레일은 제조비용이 적게 들고 소음도 적으며 운행 시 통과성이 좋다는 특징이 있다.

변한 정도는 비슷한데 아픔의 정도가 달라
압력의 규칙

언젠가 있었던 배구 월드컵 경기 도중, 중국팀 스파이커 왕이메이 선수의 강력한 스매싱에 맞은 일본 선수 키무라 사오리가 그 자리에서 정신을 잃고 쓰러졌다. 일본 방송국은 '중국팀의 최종병기'라는 제목으로 중국선수 왕이메이의 스매싱 장면과 함께 세 차례에 걸친 실제 테스트 장면을 내보냈다.

첫 번째 테스트에서 왕이메이의 스매싱과 똑같은 속도로 공을 던졌더니 질량 150kg의 물체가 부딪쳤을 때와 비슷한 정도의 충격이라는 결과가 나왔다. 두 번째 테스트에서는 두께 1.5cm 정도의 나무판자를 사용했는데 공이 부딪치자마자 판자가 부러졌다. 세 번째 테스트에서는 가라데 격파용 기왓장을 사용했는데 똑같은 속도로 던진 배구공에 맞은 기와 5장 중, 4장이 산산조각이 났다. 현장에서 엄청난 파괴력을 확인한 사회자는 입을 다물지 못하며 "키무라 사오리 선수가 얼마나 아팠을까요!"라며 탄식했다.

스포츠를 즐기면서도 안전에 유의해야 함을 일깨워준 사건이었다. 그런데 물리학 측면에서 보면 배구공이 지면에 부딪히는 순간의 작용력을 어떻게 측정해야 할까? 사실 간단한 실험만으로도 가능한 일인데, 여기에서는 탄성력에 관한 지식을 활용해야 한다.

탄성력과 훅의 법칙

물체가 힘을 받으면 변형이 발생한다. 변형은 '탄성 변형'과 '소성 변형'으로 나눌 수 있다. 외력의 작용을 제거하면 원래의 상태를 회복할 수 있는 것을 탄성 변형이라고 하고, 외력의 작용을 제거해도 원래의 형태를 회복할 수 없는 것을 '소성 변형'이라고 한다.

물리학에서는 변형이 일어난 물체가 원래의 상태를 회복하기 위해 자신과 접촉한 물체에 대해 일으키는 작용력을 '탄성력'이라고 한다. 일반적으로 말하는 압력, 인장력, 지지력, 장력 등은 모두 탄성력에 속한다. 물체가 외력의 작용을 받을 때, 어떤 한도를 넘지 않은 상황에서 외력의 작용이 멈추면 외력에 의한 일그러짐이 사라지고 원래의 상태를 회복하게 되는데 이 한도를 '탄성 한도'라고 한다.

17세기 영국의 뛰어난 과학자 훅Robert Hooke은 탄성 한도 내에서 탄성력과 용수철의 변형 정도(길이가 늘어나거나 줄어든 정도)는 정비례한다고 했다. 이것이 물리학에서 말하는 훅의 법칙Hooke's law이다. 이 법칙은 다른 물체들에도 적용할 수 있다. 훅의 법칙의 공식은 $F=-kx$이다. 이 식에서 비례상수 k는 용수철의 탄성계수(가로 방향의 전단 응력이 작용하였을 때, 변형력에 대한 재료의 강도 저항-역주)로 단위는 N/m이다. k의 크기는 용수철 자체가 가진 성질에 따라 결정된다. x는 용수철이 변형된 이후의 길이가 아니라 용수철 길이의 변화량이다.

등가 원리로 탄성력의 크기 측정하기

물리 규칙에 따르면 탄성력(예를 들어 압력)은 물체를 변형시키는데 변형된 양은 가해진 힘의 크기와 관련이 있어 압력이 클수록 더 많은 변형이 발생한다. 이 점을 이용해 배구공이 지면에 부딪히는 순간의 작용력을 측정할 수 있다.

전자저울 1개, 종이 1장, 물 한 대야를 준비한다. 먼저 수평한 지면 위에 종이를 깔고 배구공에 물을 묻힌 다음, 바닥에 놓인 종이를 향해 힘껏 던진다. 그러면 공에 맞은 부분에만 둥근 물 자국이 남게 된다. 이 종이를 펼쳐서 전자저울 위에 올려놓고 배구공을 종이 위에 올린다. 단, 이때 맨 처음 접촉하는 부분이 둥근 물 자국의 중심이어야 한다. 그리고 나서 배구공과 종이의 접촉면이 종이에 찍힌 물 자국과 겹쳐질 때까지 배구공을 천천히 아래쪽으로 누른다. 이때 전자저울이 받는 힘의 크기는 배구공이 지면에 부딪히는 순간의 작용력 크기와 같으므로 저울에 표시된 숫자를 읽기만 하면 된다. 아주 간단한 방법이지 않은가?

위에서 말한 방법은 등가 원리를 이용해 측정한 것인데 등가

원리는 측정하기 어려운 물리량을 간접적으로 측정하는 것으로 물리학의 중요한 원리 중 하나다. 조조의 아들 조충이 코끼리의 무게를 맞춘 일화가 전해지는데 이 신동도 등가 원리를 이용해 코끼리의 무게를 잴 수 있었다.

과학자 이야기 : 다재다능했던 '로버트 훅'

'훅의 법칙'은 다방면에서 활약한 이 과학자의 뛰어난 업적 중 하나일 뿐이다. 로버트 훅Robert Hooke은 영국의 과학자이자 발명가로 1635년에 태어났다. 어려서부터 몸이 약해 병치레가 잦았지만 영리하고 손재주가 비범해 도구를 잘 만들었다. 10살 때, 기계학에 지대한 관심을 보이며 이후 실험 물리학 분야에서 선보일 뛰어난 성취의 바탕을 다졌다.

1648년, 훅은 아버지가 세상을 떠나자 런던으로 보내져 어느 화가 밑에서 그림을 배우게 된다. 그러나 이후 그림을 포기하고 웨스트민스터 학교에서 중등 과정 교육을 받았다. 이때 그는 유클리드Euclid의 《기하학원론Stoicheia》을 1주일 만에 6권까지 읽고 나서 기계 설비를 제작하는 데 곧바로 수학 지식을 응용하기 시작했다. 그 결과, 일반 기계 구조 12가지를 비롯해 비행 기구에 관한 설계 30가지를 완성했다.

1653년, 옥스퍼드대학에 진학한 훅은 뛰어난 과학자들을 여럿 사귀었는데 훗날 이 사람들은 대부분 영국 왕립학회The Royal

Society of London for Improving Natural Knowledge의 주요 인물이 되었다. 대학 시절, 훅은 의사와 학자들의 모임에 열성적으로 참가하며 실험 분야에서 탁월한 재능을 드러냈다. 1655년, 훅은 추천을 통해 화학자 보일Robert Boyle의 조수가 되어 그의 실험실에서 일하게 된다. 1661년부터는 중력의 본질을 연구하는 왕립학회 위원회 활동에 참가한다. 1663년, 훅은 석사 학위를 받고 왕립학회 회원이 되었으며 같은 해에 왕립학회 장정 초안을 작성한다. 1665년, 런던의 그레샴 학교Gresham College에서 기하학, 물리학 교수를 역임하며 천문 관측 일을 병행했고, 《마이크로그래피아 Micrographia》를 출간한다. 1666년에 발생한 런던 대화재 이후, 훅은 도시 재건을 위한 측량 및 감독을 맡아 대다수 주요 건물 설계와 도시 계획에 참여했다.

1676년, 훅은 자신의 명성을 드높인 탄성의 법칙을 발표했다. 이것은 만유인력의 법칙을 발견하는 데 있어 실제로 중요한 역할을 하기도 했다. 1679년, 훅은 뉴턴Isaac Newton에게 편지를 써, 인력이 거리에 따라 변하지 않는 상수라고 한 뉴턴의 주장이 틀렸다고 지적했다. 훅은 만유인력과 거리의 제곱이 반비례해야 한다고 정확하게 맞췄다. 이에 대해 뉴턴은 따로 답장을 보내지는 않았지만 훅의 관점을 받아들여 케플러의 행성 운동에 관한 제3법칙에 기초해 만유인력의 법칙을 수학적으로 도출했다. 1686년, 뉴턴이 만유인력의 법칙에 관한 내용을 담은《자연철학의 수학적 원리》 제1권의 원고를 왕립학회에 보냈을 때, 훅은 뉴턴에게 '역제곱 법칙'에 대한 우선권이 자신에게 있음을 인정하라고 요구했다. 그러나 뉴턴은 훅의 요구를 단호히 거절했으며 책에서 훅에 대해 언급한 많은 부분을 삭제해버렸다.

1677년부터 훅은 왕립학회 총무가 되어 회보 출판을 맡았다. 훅은 왕립학회의 강령을 다음과 같이 규정했다. '실험을 통해 자연계의 모든 사물에 관한 지식을 비롯해 이와 관련된 모든 예술, 제조, 실용 기계, 발동기와 새로운 발명을 개선한다.' 훅은 이 학회의 실험과 일상 사무 처리를 맡아 20여 년 동안 당시 자연과학계의 가장 앞선 연구 분야들에서 활발히 활약하며 많은 업적을 남겼다. 그는 1703년, 향년 68세로 런던에서 병사했다.

만약 세상에 마찰력이 없다면
마찰의 종류와 규칙

    마찰력은 우리가 사는 이 세상 어느 곳에나 존재하며 일상생활의 모든 영역에서 발견할 수 있다. 하지만 가끔은 이 마찰력이 아주 귀찮게 느껴질 때도 있다. 매끈매끈해서 미끄러지는 세상이라면 얼마나 좋을까! 과연 그럴까? 세상에 마찰력이 없다면 우리 삶은 어떻게 변할까?

사라진 마찰력

제발 마찰력이 없어졌으면!

    마찰력이 없으면 무거운 물건도 번쩍 들 수 있고, 자기부상열차와 미사일 속도도 훨씬 빨라질 테고, 지구 귀환선이 대기층을 뚫고 들어올 때도 공기와의 마찰열이 발생하지 않을 텐데! 손을 씻을 필요도 없겠지. 손이 너무 깨끗해서 세균들이 다 미끄러져 버릴 테니까. 담배를 피

우려고 해도 라이터에 불이 붙지 않을 테니 다들 강제로 금연해야 할 거야.

'마찰력아, 제발 사라져!' 그렇게 간절히 빈 순간! 이럴 수가! 정말 마찰력이 사라졌어!

오늘은 토요일이라서 해금 수업이 있어. 그런데 발을 내딛자마자 꽈당 넘어져 버렸지 뭐야. 일어나기만 하면 다시 넘어지는 통에 할 수 없이 선생님께 못 간다고 말하고 집에서 연습할 준비를 했어. 그런데 케이스에서 해금을 꺼내려고 하는데 케이스가 열리지 않는 거야. 결국 몇 번이나 시도한 끝에 간신히 열긴 열었어. 이제 제대로 연습 좀 할 수 있겠다고 생각했는데 웬걸, 산 넘어 산이라더니. 나무 의자에 앉아 해금을 쥘 때였어. 못과 나무 사이의 마찰력이 사라진 탓에 의자가 공중분해 되는 바람에 하마터면 내 엉덩이도 두 동강이 날 뻔했어. 나무 의자는 안 되겠다 싶어서 플라스틱 의자를 찾아 앉았어. 이제 해금을 켜다가 엉덩이가 깨질 일은 없겠지. 그런데 그게 끝이 아니었어. 손에 아무리 힘을 줘서 해금을 세워도 자꾸만 미끄러져 떨어지는 거야. 어휴, 결국 다 포기하고 온종일 의자에 앉아만 있었어.

주말 동안 한 일이라고는 이게 다야. 마찰력이 없는 세상은 엉망진창이야!

재미있는 글이다. 그런데 글을 읽으면서 이미 발견했겠지만 물리 법칙에 맞지 않는 부분이 몇 가지 있다. 예를 들어 마찰력이 없다면 한번 미끄러져 넘어진 사람은 다시 일어날 수조차 없을 것이고 아무리 '몇 번이나 시도해도' 결코 악기 케이스를 열 수 없을 것이다. 마찰력이 없으면 나무 의자만 해체되는 게 아니라 플라스틱 의자도 마찬가지 신세가 될 것이다. 또 해금을 집을 수도 없을 테니 한 번 세운 해금이 다시 미끄러지는 상황도 벌어지지 않을 것이다.

마찰과 마찰력

마찰은 정지마찰, 구름마찰, 미끄럼마찰, 이 세 가지로 나뉜다. 마찰력은 서로 접촉한 상태로 누르는 거친 물체 간의 상대적인 움직임 또는 상대적인 움직임 경향을 방해하는 힘을 말한다. 마찰력의 방향은 상대적인 움직임 방향과 항상 반대이지만 물체의 운동 방향과는 늘 반대인 것은 아니다. 현실에서의 복잡한 문제에서 마찰력의 방향은 물체의 운동 방향과 임의의 각도를 이룰 수 있다. 마찰력은 저항력일 수도 있고 동력일 수도 있다. 경사가 있는 컨베이어벨트가 위쪽으로 물체를 운반하는 마찰력은 동력이다. 정지마찰력 작용을 받은 물체가 꼭 정지하는 것은 아니고 미끄럼마찰력 작용을 받은 물체가 반드시 운동하는 것도 아니다. 접촉면에 마찰력이 있으면 반드시 탄성력이 있고, 탄성력과 마찰력의 방향은 항상 수직이지만, 탄성력이 있다고 반드시 마찰력이 있는 것은 아니다.

접촉면의 재질이 일정할 경우, 미끄럼마찰력의 크기는 압력과 정비례하며 물체의 운동 속도와는 무관하며, 물체 사이의 접촉면 면적과도 무관하다. 미끄럼마찰력의 크기를 표현하는 공식은 $f=\mu F_N$이다. 공식에서 그리스 문자 μ(mu, 뮤)는 비례계수로 운동마찰계수 또는 마찰계수라고 부른다. 마찰계수의 크기는 접촉면의 속성에 따라 다르다. 이 공식은 1699년 프랑스 물리학자 아몽통$^{Guillaume\ Amontons}$이 발견했기 때문에 '아몽통 법칙$^{Amontons's\ law}$'이라고 불린다.

바나나껍질의 마찰계수를 연구하는 게 어떨까?

구름마찰력은 물체가 굴러갈 때(접촉면이 계속 변화할 때) 받는 마찰력이다. 사실상 구름마찰력은 정지마찰력(그 이유를 한번 생각해보라)이다. 물체 사이의 구름마찰력은 미끄럼마찰력보다 훨씬 작다. 자전거를 타 봤다면 알 텐데, 타이어 바람이 빠진 자전거를 타면 훨씬 힘이 든다. 그 이유가 무엇일까? 자전거 바퀴가 앞으로 구를 때 구름마찰력의 저항을 받는데, 이 구름마찰력은 접촉면이 부드러울수록, 즉 변형이 클수록 마찰력이 더 커진다는 특징이 있다.

물체가 받는 정지마찰력은 다른 힘이 변함에 따라 변하는데 정지마찰력이 최대치에 이르면 물체가 운동하기 시작한다. 그래서 정지마찰력값은 $0 < f \leq f_{max}$의 범위 안에 있다. 정지마찰력 크기는 압력과는 무관하지만 최대정지마찰력의 크기는 압력에 정비례한다. 최대정지마찰력은 미끄럼마찰력보다 약간 더 크다.

영원한 친구, 마찰력

마찰력은 우리의 삶에 도움을 주기도 하고 불편을 끼치기도 하므로 필요에 따라 마찰을 이용하기도 하고 최소화하기도 해야 한다. 자전거를 예로 들자면 자전거 바퀴, 페달, 핸들커버, 브레이크 패드 및 각 부위에 쓰인 고정 나사 등은 모두 마찰력을 이용해야 하지만 앞축, 중축, 뒷축, 핸들, 페달축 등 회전이 필요한 부분은 모두 마찰력을 줄여야 한다.

스포츠 활동도 마찰력과 관련이 있는데 그중에는 마찰력이 지대한 영향을 미치는 것도 있다. '빙판 위의 체스'라고 불리는 컬링Curling에서 스위퍼Sweeper는 브룸Broom이라고 하는 빗자루 모양의 솔로 컬링 스톤Curling stone이 미끄러져 나가는 경로를 빠르게 스위핑Sweeping해 컬링 스톤이 하우스House의 가장 안쪽 원인 티Tee

에 들어가게끔 한다. 수영 경기에서 선수들이 즐겨 입는 '패스트 스킨Fastskin'은 상어의 피부를 모방해 만든 수영복으로, 물의 마찰(물의 저항)을 줄여 기록을 단축하는 데 도움을 준다.

체조선수는 철봉, 평행봉에 오르기에 앞서, 역도선수는 역기를 잡기 전에 손바닥과 기구 접촉면 사이의 마찰력을 키우기 위해 탄산마그네슘 가루를 손에 바른다. 잔디 위에서 공을 차는 축구선수가 신는 축구화는 굽이 낮아 마찰력이 작은 탓에 쉽게 미끄러지는 단점을 보완하기 위해 밑창에 징이 박혀 있다.

다음은 어느 물리학자가 마찰 현상에 대해 쓴 생동감 넘치는 글이다.

여러분은 꽁꽁 언 길을 걸으면서 넘어지지 않으려고 무진 애를 쓰며 똑바로 서보려고 온갖 우스꽝스러운 포즈를 취해 봤을 것이다. 이 점을 생각하면 우리가 평소 걷는 길에 굉장히 '귀한' 특성이 있으며, 이 특성 덕분에 별다른 힘을 들이지 않고도 평형을 유지할 수 있음을 알게 된다. 응용역학에서는 종종 마찰을 부정적인 현상으로 보는데 완전히 틀린 말은 아니지만 몇몇 특정 영역에서만 '참'일 뿐이다. 오히려 어떤 상황에서는 마찰이 존재함에 감사해야 한다. 마찰 덕분에 걸을 때 불안해할 필요도 없고, 의자에 앉아 일할 수 있고, 책과 연필이 땅바닥을 구를 일도 없고, 책상이 저절로 미끄러져 벽에 부딪힐 일도 없으며, 연필이 손에서 미끄러질 일도 없으니 말이다.

마찰은 아주 흔한 현상이다. 대부분의 경우, 굳이 도와달라고 하지 않아도 저절로 찾아와 도와준다. 마찰이 없으면 어떠한 형태의 건물도 지을 수 없고 벽에 박힌 나사도 저절로 빠져나올 것이며 어떤 물건도 집을 수 없다. 한번 불기 시작한 바람은 영원히 멈추지 않을 것이다.

이제 마찰이 싫지 않지?

우정의 배가 뒤집혔을 때 수면은 어떻게 변할까?
아르키메데스

우정의 배는 참 쉽게 뒤집히곤 한다. 그럼 '배 뒤집기' 실험을 한번 해보자.

상상해보라. 배에서 떨어졌는데 수영을 못해 점점 아래로 가라앉고 있다. 당황하지 마라. 다행히 잠수복을 입고 있어 생명의 위험은 없다. 물리학을 사랑하는 당신은 우정 문제를 잠시 잊고 물속에서 깊은 생각에 빠졌다.

'배가 뒤집히기 전과 비교했을 때, 내가 물밑으로 가라앉고 나서 수면의 높이는 올라갔을까? 아니면 내려갔을까? 그것도 아니면 아무런 변화가 없을까?'

부력과 아르키메데스 원리
유체에 잠긴 물체가 받는 부력의 크기는 물체가 밀어낸 유체에 작용하는 중력의 크기와 같다. 이 결론은 일부만 유체에 잠긴 경우와 완전히 유체 속에 잠긴 물체에 대해 모두 성립하며 기체 속에 잠긴 물체에도 성립한다. 아르키메데스 원리를 공식으로 표현하면 다음과 같다.

$$F=G=mg=\rho gV$$

F 부력
G 잠겨있는 물체의 부피만큼 밀어낸 유체의 중량
m 잠겨있는 물체의 부피만큼 밀어낸 유체의 질량
ρ 유체의 밀도
V 유체에 잠긴 만큼의 물체의 부피

이 중에서 밀도 ρ는 물체의 질량과 부피의 비율이다. 앞서 말한 문제를 살펴보자. 배가 뒤집히기 전, 사람과 배는 수면 위에 정지한 상태이고 총부력(잠겨있는 물체의 부피만큼 밀어낸 물의 중력)은 총중력과 같다. 배가 뒤집힌 뒤, 물속에 가라앉은 사람은 물속 지면의 지지력을 받는데, 사람이 받는 지지력과 부력에 배가 받는 부력을 더하면 총중력과 같고, 새로운 총부력은 총중력보다 작다. 따라서 총부력이 줄어들었으므로, 다시 말해 잠겨있는 물체의 부피만큼 밀어낸 물의 중력 또는 밀어낸 물의 부피가 줄어들었으므로 수위는 내려간다.

등가 원리를 이용하면 더 직관적으로 이해할 수 있다. 사람이 물속에 가라앉기 전의 상황은 줄에 묶인 채 배 밑바닥에 매달려 있는 상황과 같다고 볼 수 있다. 이때 사람과 배는 모두 정지한 상태이고 총부력(잠겨있는 물체의 부피만큼 밀어낸 물의 중력)은 총중력과 같다. 사람이 물속에 잠긴 상황은 줄을 끊은 상태와 같다. 줄이 끊기면서 사람이 물속으로 가라앉을 때 배는 위쪽으로 약간 떠올라 수위는 내려가게 된다.

그렇다면 쇳덩이가 수면 위에 뜰 수 있나? 물론 불가능하다. 그런데 어떻게 쇠로 만든 선박은 바닷물 위에 뜨는 걸까? 이 문제를 해결하려면 물 위에 뜨고 가라앉는 조건을 알아야 한다.

물체가 뜰지 가라앉을지 어떻게 알 수 있나?

유체 속 물체의 일반적인 상태는 수면 위에 떠 있거나, 물속에 떠 있거나, 바닥으로 가라앉아있는 상태다. 어떤 상태에서 다른 상태로 변하는 과정은 '떠오르다'와 '가라앉다', 두 가지로 나뉜다. 유체 속 물체의 상태는 두 가지 측면에서 판단할 수 있다. 아래 표를 보자.

	수면 위에 뜬 상태	물속에 뜬 상태	떠오르는 상태	가라앉는 상태
힘 비교	중력 G=부력 F	중력 G=부력 F	중력 $G<$부력 F	중력 $G>$부력 F
밀도 비교	ρ물체$<\rho$유체	ρ물체$=\rho$유체	ρ물체$<\rho$유체	ρ물체$>\rho$유체

쇳덩이가 수면 위에 뜨지 않는 이유는 쇳덩이의 밀도가 물보다 크기 때문이다. 하지만 쇳덩이는 수은보다는 밀도가 작기 때문에 수은에는 뜬다. 선체를 구성하는 주요 자재가 강철인 것은 맞지만 선박 내부에 빈 공간이 많아 평균 밀도가 물보다 작기 때문에 바닷물에 뜨는 것이다.

사해에 빠져도 '죽지' 않는다

사실 '사해'는 '바다'가 아니라 세계에서 가장 짠 염수호이며 사해에 빠진다고 죽지도 않는다. 책에 보면 "사람은 사해에서 자유롭게 떠다닐 수 있다. 수영을 못하는 사람도 물 위에 둥둥 뜬다."라는 내용이 있다. 이는 사해물의 밀도가 인체 밀도보다 크기 때문이다. 그래서 누구라도 물에 가라앉지 않고 둥둥 뜰 수 있다.

사해에 누워 여유롭게 책을 보는 것도 괜찮겠는데?

과학자 이야기 : 왕의 금관은 과연 순금일까

2천여 년 전, 고대그리스 시칠리아섬 시라쿠사^{Siracusa}에 위대한 학자가 살고 있었다. 그는 평생 배움을 즐기며 다양한 지식을 탐구했고 자신의 나라와 동포를 아낀 까닭에 사람들의 존경과 찬양을 한몸에 받았다. 그 학자가 바로 아르키메데스^{Archimedes}다.

아르키메데스는 지렛대의 원리와 자신의 이름을 딴 '아르키메데스의 원리'를 발견했다. 아르키메데스는 지렛대의 원리를 이용해 돌을 멀리 날릴 수 있는 투석기를 만들어 로마군 전함의 공격을 막았다. 아르키메데스는 "내게 움직이지 않는 한 점만 주어진다면 지구를 들어 올릴 수 있다!"라는 명언을 남겼다. 아르키메데스는 평생 많은 일화를 남겼는데 그중 지금까지도 사람들의 입에 오르내리는 것이 있는데 바로 '아르키메데스의 원리', 즉 부력의 원리를 발견한 이야기다.

시라쿠사의 왕은 손재주가 좋은 세공업자를 불러 순금으로 된 왕관을 만들라 명하고 그가 요구한 만큼의 순금을 내주었다. 완성된 왕관은 정교하고 아름다웠으며 처음에 왕이 준 순금과 무게까지 똑같았다. 그런데 누군가 왕에게 고하길, 욕심에 눈이 먼 세공업자가 왕관에 은을 섞었다고 했다. 이에 왕은 아르키메데스를 불러 왕관을 부수지 않고 은이 섞였는지 알아내라고 했다. 지혜로운 아르키메데스도 이 문제 앞에서는 당황할 수밖에 없었다. 아무리 고심해도 도무지 해결방법이 떠오르지 않았다.

그러던 어느 날, 집에서 목욕을 하려던 아르키메데스는 여전히 왕관에 은이 섞였는지 알아낼 방법을 고민하고 있었다. 그런데 욕조에 들어가던 중, 자신이 들어가자 욕조 밖으로 흘러넘치는 물이 눈에 들어왔다. 게다가 물속에서 몸이 살짝 뜨는 느낌이 들었다. 깨달음은 벼락처럼 찾아왔다. 곧바로 욕조 밖으로 뛰어나온 아르키메데스는 옷도 걸치지 않은 채 사람들로 가득한 거리를 달리며 외쳤다.

"유레카Eureka(알아냈다)! 유레카!"

"유레카!"

왕궁으로 간 아르키메데스는 왕 앞에서 실험을 통해 진위를 밝혔다. 그는 왕관과 무게가 똑같은 금덩어리와 은덩어리, 그리고 왕관을 물이 가득 찬 대야 속에 차례로 넣었다. 그 결과, 금덩어리를 넣었을 때 흘러넘친 물의 양이 은덩어리를 넣었을 때

넘친 물의 양보다 적었고 왕관을 넣었을 때 흘러넘친 물의 양이 금덩어리를 넣었을 때 흘러넘친 물의 양보다 많았다. 이 실험 결과를 바탕으로 아르키메데스는 왕관에 은이 섞였다고 결론지었다. 왕과 신하들이 실험의 원리를 이해하지 못하자 아르키메데스는 자세히 설명하기 시작했다.

"무게가 같은 나무토막과 쇠를 비교하면 나무토막의 부피가 더 큽니다. 만약 나무토막과 쇠를 각각 물속에 넣으면 부피가 큰 나무토막을 넣었을 때 흘러넘친 물의 양이 부피가 작은 쇠를 넣었을 때 흘러넘친 물의 양보다 많게 됩니다. 이 원리를 금, 은, 왕관의 부피를 잴 때 응용한 겁니다. 같은 무게의 금과 은을 비교하면, 은의 부피가 더 큽니다. 그래서 무게가 같은 금덩어리와 은덩어리를 물에 집어넣으면 금덩어리를 넣었을 때 흘러넘친 물의 양이 은덩어리를 넣었을 때보다 더 적게 됩니다. 조금 전의 실험에서 왕관을 넣었을 때 흘러넘친 물의 양이 금덩어리를 넣었을 때보다 많았으니 이 왕관은 순금으로 만들어진 것이 아닙니다."

아르키메데스의 설명에 사람들은 절로 고개를 끄덕였다. 그후 이 문제를 더욱 깊이 연구한 아르키메데스는 마침내 부력의 원리(아르키메데스의 원리)를 발견했다. 즉, 유체 속에 잠긴 물체에 작용하는 부력은 물체가 밀어낸 유체의 중력과 같다. 아르키메데스가 발견한 부력의 원리는 유체 정역학의 기초를 다졌으며 지금까지도 우리 생활 곳곳에서 광범위하게 응용되고 있다. 부력의 원리를 이용해 물체의 밀도를 계산할 수도 있고, 선박의 적재량을 측정할 수도 있다. 또 군사 목적으로 쓰이는 잠수정이나 거대한 항공모함이 바다 위에 뜰 수 있는 것도 아르키메데스의 원리를 응용한 덕분이다.

액션영화 속 물리학

관성과 뉴턴의 제1법칙

만약 불가피한 이유로 달리는 차에서 뛰어내려야 한다면, 앞쪽으로 뛰어내려야 할까? 아니면 뒤쪽으로 뛰어내려야 할까? 아마 대부분 '관성을 생각하면 앞으로 뛰어내려야 한다'고 답할 것이다. 그렇다면 관성이란 무엇이고 이 문제의 정답은 무엇일까?

관성은 원래의 등속 직선 운동 상태 또는 정지 상태를 유지하려는 물체의 성질을 가리킨다. 관성은 모든 물체가 지닌 성질이며, 관성의 크기는 물체의 질량과만 관계가 있다. 즉, 물체의 질량이 클수록 관성도 크고 질량이 작을수록 관성도 작다. 관성은 물체의 운동 상황, 힘을 받는 상황과는 무관하다.

뉴턴의 제1법칙 : 외부로부터 힘이 작용하지 않는 한 정지해 있던 물체는 계속 정지 상태로 있고 움직이던 물체는 계속 일직선 위를 똑같은 속도로 운동한다. 이 법칙의 뒷부분에서 모든 물체는 관성이 있다고 밝혔기 때문에 뉴턴의 제1법칙을 '관성의 법칙'이라고 부르기도 한다. 이 법칙의 앞부분은 힘이 물체의 운동 상태를 유지하는 원인이 아니라 물체의 운동 상태를 바꾸는(가속도를 발생시키는) 원인이라는 말을 하고 있다.

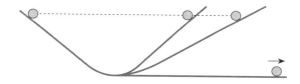

갈릴레이는 과학적 추리를 통해 다음과 같이 밝혔다.

"만약 모든 접촉면이 매끄럽다면, 경사면의 한 점에서 쇠구슬을 굴릴 경우, 저항으로 인한 에너지 소모가 없기 때문에 이 쇠구슬은 틀림없이 반대쪽 경사면의 동일한 높이에 도달할 것이다. 경사면의 기울기가 좀 더 완만해져도 쇠구슬은 반대쪽 경사면의 동일한 높이에 이를 것이다. 경사면이 수평면이 되면 동일한 높이를 찾지 못한 쇠구슬은 계속 운동 상태를 유지하게 된다."

갈릴레이가 '사고실험'을 통해 얻은 이 결론은 이미 뉴턴 제1법칙의 개념을 담고 있다.

다시 처음의 문제로 돌아가 보자. 위급한 상황이 발생해 달리는 차에서 뛰어내릴 경우, 몸이 이미 차에서 벗어났더라도 관성 때문에 차량의 주행속도와 동일한 속도를 유지하게 된다. 그래서 앞쪽으로 뛰어내릴 경우, 속도가 줄기는커녕 더 빨라지게 된다. 그러면 땅에 떨어질 때의 위험성이 훨씬 크기 때문에 이 점만 놓고 보면 절대로 차량의 운행 방향 쪽으로 뛰어내리지 말고 반대 방향으로 뛰어야 한다. 뒤쪽으로 뛰어내리면 이때 차에서 뛰어내리는 속도가 관성의 작용으로 몸이 앞쪽으로 향하는 속도와 방향이 서로 반대이기 때문에 속도가 부분적으로 상쇄된다. 그러면 땅에 떨어질 때의 속도도 느려져 좀 더 안전하게 지면에 닿을 수 있다.

그러나 실제 상황은 이보다 훨씬 복잡하다. 현실적으로 차에서 뛰어내릴 때는 거의 다 차량 주행 방향과 같은 방향을 향하게 된다. 물론 앞쪽으로 뛰어내리는 것이 더 좋은 방법임이 경험을 통해 증명되었다. 왜 그런지 이유가 궁금할 수밖에 없을 것이다.

관성에 대한 지금까지의 설명에는 아무런 문제가 없다. 문제는 차에서 뛰어내리면서 지면과 충돌해 넘어질 위험성도 고려해야 한다는 점이다. 떨어지는 방향은 사람의 안전에 지대한 영향을 미친다. 앞쪽으로 뛰어내리든 뒤쪽으로 뛰어내리든 지면에 닿는 순간에 넘어질 가능성이 있다. 사람의 두 다리는 지면에 닿는 순간에 운동을 멈추지만 관성의 영향을 받는 몸은 여전히 속도를 지니기 때문이다.

앞으로 뛰어내릴 경우, 사람은 넘어지지 않기 위해 본능적으로 앞쪽으로 한 발을 내디딘다(만약 차량 속도가 빠르다면 몇 발자국 더 움직일 수도 있다). 설령 앞으로 넘어지더라도 부상을 줄이기 위해 무의식적으로 두 손을 뻗어 바닥을 짚을 것이다. 그러나 뒤로 뛰어내리면 상황이 전혀 달라진다. 차량 속도가 조금만 빨라도 뒤로 넘어질 가능성이 크며 이 경우 심각한 부상을 입을 수 있다. 그래서 실제로 긴급한 상황이 발생했을 경우, 사람은 앞쪽으로 뛰어내리게 된다. 앞쪽으로 뛰어내리는 것이 더 안전한 이유는 관성이 소용이 없어서가 아니라 몸을 보호하려는 인간의 방어 본능이 관성의 영향을 이겼기 때문이다. 경험이 있는 극소수의 사람은 이렇게 한다. 먼저 뒤쪽으로 뛰어내리되 지면에 닿기 전에 앞쪽으로 몸의 방향을 튼 다음, 차량 운행 방향으로 몇 발자국 내디딘다. 일석이조라고 볼 수 있는 이 방법을 따르면 관성으로 인한 몸의 속도를 줄일 수 있으면서 뒤로 넘어질 위험까지 피할 수 있다.

관성은 생활 속 곳곳에서 확인할 수 있다. 버스 기사가 위험한 순간에 급브레이크를 밟았을 때, 승객들은 자신의 의지와 상관없이 앞쪽으로 몸이 쏠리게 된다. 손을 떠난 투창과 탄창을 떠난 총알은 계속해서 굉장히 빠른 속도로 날아간다. 앞을 향해 달리는 자전거는 굳이 페달을 밟지 않아도 계속 앞으로 굴러간다. 100m 달리기 시합에서는 이미 결승선을 통과하고도 얼마간 더 달려야 멈출 수 있다.

"아얏!" 돌부리에 걸려 넘어지거나 무협 영화에서 굵은 밧줄에 걸린 말이
바닥을 나뒹구는 것도 다 관성 탓이다.

도로 속도제한에 대해 알아보자
뉴턴의 제2법칙

    중국 〈도로교통안전법〉에 따르면 자동차는 고속도로에서 최고 시속 120km/h를 넘으면 안 된다. 이는 안전을 고려해 정한 속도다. 일정 시간 또는 거리 내에서 차량을 멈추려면 주행속도와 제동 가속도의 크기(1장 내용 참고)를 알아야 한다. 그렇다면 제동 가속도의 크기는 어떤 요소에 따라 결정될까? 뉴턴 제2법칙이 이 문제의 답을 알려줄 것이다.

지식 카드

뉴턴 제2법칙 : 물체에 힘이 가해졌을 때 물체가 얻는 가속도는 가해지는 힘에 비례하고, 물체의 질량에 반비례한다. 가속도의 방향과 힘의 방향은 같다. 이를 공식으로 표현하면 $F=ma$가 된다. 뉴턴의 제2법칙은 힘이 가속도를 만드는 원인임을 나타낸다. 물체가 여러 힘의 작용을 받을 경우, 공식에서 F는 합력을 가리킨다.

그래서 제동가속도는 차량의 브레이크 제동력과 질량에 달려 있다. 이 두 가지는 대개 고정값이므로 안전을 생각한다면 도로 상황에 따라 각기 다른 제한속도를 규정해 차량이 제때 멈출 수 있도록 하고 가능한 짧은 제동거리를 확보해야 한다. 그러지 않으면 일상생활 속에서 운전하는 것조차 극도로 위험한 행위가 될 것이다.

자동차는 동력성이 있으므로 제동성이 필요하다. 자동차의 엔진 성능을 비교할 때 종종 거론하는 지표가 발진가속도(0→100km/h 도달시간)다. 이 지표가 작다면 자동차의 가속 속도가 빠르다. 즉, 엔진이 만들어내는 가속도가 커서 동력 성능이 좋다는 뜻이 된다. 이는 보통 자동차의 질량이 작은 편이거나 배기량이 큰 편임을 의미한다. 예를 들어 포뮬러 머신Formula Machine은 차체 무게가 가볍기 때문에 가속 성능이 굉장히 좋다.

생각하기

엘리베이터를 이용할 때, 엘리베이터가 위로 올라가기 시작할 때나 아래로 내려가다가 멈추기 직전, 발밑과 엘리베이터 밑판 사이의 압력이 커지며 갑자기 나 자신이 '무거워진' 듯한 느낌이 든다. 엘리베이터가 아래로 내려가기 시작할 때나 위로 올라가다가 멈추기 직전에는 발밑이 살짝 허공에 뜬 것 같고 자신이 '가벼워진' 듯한 느낌이 든다. 만약 엘리베이터 안에 저울이 있고 여러분이 그 저울 위에 올라가 대칭 상태로 움직임을 멈추고 있는데 엘리베이터가 움직이기 시작했다면 저울이 가리키는 눈금이 줄어드는 것을 직접 보게 될 것이다. 하지만 엘리베이터에 탔다고 몸무게가 바뀌었을 리가 없는데 도대체 무슨 일이 벌어진 걸까?

110

뉴턴의 제2법칙을 이용하면 엘리베이터 안에서 느끼는 초중력감과 무중력감을 설명할 수 있다.

　엘리베이터가 위로 올라갈 때는 갑자기 몸이 무거워진 느낌이 든다. 즉, '초중력감'이 든다. 반대로 엘리베이터가 내려갈 때는 마치 두 발이 허공에 뜬 것과 같은 '무중력감'이 든다. 초중력은 지지력(수직항력)이 물체의 중력보다 큰 현상이고, 무중력은 지지력(수직항력)이 물체의 중력보다 작은 현상이다. 예를 들어 무중력을 살펴보자.

　엘리베이터 안에 놓인 저울 위에 서 있다. 엘리베이터가 움직이기 시작하면 아래쪽으로 가속도가 생기며 엘리베이터 안에 있는 사람도 똑같은 가속도로 내려가게 된다. 이때 사람은 두 가지 힘의 작용을 받는다. 하나는 수직으로 아래쪽을 향하는 중력이고 다른 하나는 수직으로 위쪽을 향하는 저울의 지지력이다. 뉴턴의 제2법칙에 따라, 중력과 지지력의 합력 방향은 수직으로 아래쪽을 향해야 한다. 다시 말해 수직으로 위쪽을 향하는 지지력이 수직으로 아래쪽을 향하는 중력보다 작다. 이때 저울에 반영된 눈금(지지력)은 중력보다 작아, 마치 원래 무게에서 일부가 없어진 것처럼 겉보기 무게Apparent weight가 실제 무게보다 작게 된다. 이것이 '무중력 상태'다.

　뉴턴의 제2법칙에 따라 '없어진' 무게의 크기는 나의 질량과 가속도 크기를 곱한 값이다. 엘리베이터가 가속하면서 밑으로 내려갈 때, 나의 질량에는 변화가 없지만 가속도는 변할 수 있다. 그래서 내려가는 가속도가 클수록 '무중력 상태'도 더 심해진다. 놀이동산에서 롤러코스터를 탈 때 느끼는 아찔함은 초중력과 무중력으로 인한 것이다. 무중력 상태 중에서도 '엘리베이터 자유낙하'는 굉장히 특수한 상황인데(물론 실제로는 불가능한 상황이지만) 엘리베이터가 자유낙하를 하게 되면 저울에 0이 표시되면서 나의 무게가 완전히 없어지게 된다. 이것이 바로 '완전 무중력' 상태다.

엘리베이터 자유낙하보다 스카이다이빙의 경우를 살펴보자!
(공기의 저항은 무시)

두 노를 젓자
뉴턴의 제3법칙

"우리 노 두 개를 젓자, 작은 배가 파도를 가로지르네……"

아름다운 선율의 이 노래는 오랫동안 많은 사랑을 받아왔고 중국 학생이라면 누구나 부를 수 있다. 그런데 이 노래의 가사에는 아주 중요한 물리 법칙이 담겨 있다.

지식 카드

두 물체 사이의 작용은 늘 상호적이다. 물체 A가 물체 B에 힘을 가하면 힘을 받은 물체 B는 반드시 힘을 받자마자 물체 A에게 또 다른 힘을 가한다. 물체 사이에 상호작용하는 이 힘을 일반적으로 '작용력'과 '반작용력'이라고 부른다.

뉴턴의 제3법칙 : 물체 A가 다른 물체 B에 힘을 가하면, 물체 B는 물체 A에 크기는 같고 방향은 반대인 힘을 동시에 가하며 두 힘은 서로 동일 직선상에서 작용하게 된다. 이 법칙은 상호작용하는 물체 사이의 관계 및 작용력과 반작용력의 상호 의존 관계를 구축했다.

만약 작은 배에서 힘껏 노를 저으면 노는 물에 대해 추진력을 발생시키고 이와 반대로 물은 노에 대해 같은 크기의 반작용력을 발생시킨 결과, 배는 앞으로 나아가게 된다. 만약 호수 위에 가만히 떠 있는 작은 배의 선미를 맞은편에 마찬가지로 가만히 떠 있는 작은 배 쪽으로 힘껏 밀면 두 배는 서로 멀어지게 된다. 이 또한 작용력과 반작용력이 동시에 존재하기 때문이다.

여름철에 천장선풍기를 켜면 공기가 순환돼 훨씬 시원하게 느껴진다. 하지만 천장선풍기 자체에 중력이 작용한다. 천장선풍기를 천장에 고정하는 브라켓Bracket과 천장이 맞닿는 지점에는 장력이 작용한다. 그럼 선풍기가 회전하면 장력이 커져 바닥으로 떨어지진 않을까? 뉴턴의 제3법칙을 이용해 분석해보자. 선풍기가 회전하지 않을 때, 천장과 맞닿는 지점에 대한 선풍기의 장력은 선풍기의 중력과 같다. 선풍기가 회전하면 아래쪽으로 바람이 분다. 다시 말해 공기에 대해 아래쪽을 향하는 추력을 발생시킨다. 그러면 뉴턴의 제3법칙에 따라 공기도 선풍기에 대해 위쪽을 향하는 반작용력을 생성해 천장과 맞닿는 지점에 대한 선풍기의 장력을 감소시킨다. 그런 이유로 회전하는 천장선풍기가 아래로 떨어질 가능성은 희박하다.

뉴턴의 제3법칙에 따르면, 물체 A의 물체 B에 대한 힘의 크기는 반드시 물체 B의 물체 A에 대한 힘의 크기와 같다. 그렇다면 이 문제들은 어떻게 생각해야 할까? 줄다리기 시합에서 청팀이 백팀을 끌어당기는 힘과 백팀이 청팀을 끌어당기는 힘은 작용력과 반작용력으로 방향은 반대이고 크기는 같은 힘이다. 그런데 어째서 둘 중 한 팀이 이기는 걸까? 높이뛰기를 할 때, 지면에 대한 사람의 압력과 사람에 대한 지면의 지지력은 작용력과 반작용력으로 힘의 크기가 똑같은데 어째서 사람은 지면을 박차고 뛰어오를 수 있는 걸까?

이러한 문제의 답을 명확하게 설명하려면 뉴턴의 제3법칙만으로는 부족하고 뉴턴의 제2법칙까지 끌어와야 한다. 줄다리기 시합에서 한 팀이 다른 팀을 이길 수 있는 까닭은 이긴 팀이 진 팀에 가한 장력이, 진 팀이 받은 지면 마찰력보다 크기 때문이다. 그러므로 줄다리기를 할 때는 절대 바닥에서 발을 떼면 안 된다. 높이뛰기를 할 때 사람이 지면을 박차고 뛰어오를 수 있는 것도 다 이유가 있다. 사람에 대한 지면의 지지력은 사람이 받는 중력보다 크다. 사람이 공중으로 뛰어오르려고 하면 지면은 사람에게 추가적인 힘을 가하기 때문에 결국 땅을 박차고 뛰어오를 수 있다.

기차 곡선 주행과 솜사탕
생활 속 원운동

    평소에 주변을 주의 깊게 관찰하면 도무지 이해가 안 되는 이상한 현상들을 발견할 때가 있다. 기차의 곡선 선로는 왜 바깥쪽 레일이 안쪽 레일보다 높을까? 빠른 속도로 달리는 자동차가 아치교를 지날 때 왜 아치교 중앙에서 허공으로 붕 뜨는 걸까? 이 밖에도 언뜻 보기에는 대수롭지 않아 보이지만 곰곰이 생각해 보면 의아한 문제들도 있다. 우주인은 어떻게 우주 공간에서 둥둥 뜰 수 있는 거지? 세탁기는 어떻게 빨래를 탈수시키는 거지?

    이런 문제들은 모두 원운동의 원리로 설명할 수 있다.

    기차 레일은 곡선 구간에서 외측 레일이 내측 레일보다 높게 설계된다. 원운동을 하는 기차의 구심력은 오롯이 외측 레일의 차륜 테두리에 대한 마찰력에 의해 생기는데, 만약 외측과 내측 레일의 높이가 같다면 레일과 외측 차륜의 테두리가 서로 밀어

원운동을 설명하는 물리량에는 선속도, 각속도, 주기, 회전수, 구심가속도, 구심력 등이 있다.

선속도는 원운동하는 물체가 단위 시간 안에 통과한 호의 길이와 이때 걸린 시간의 비다. 각속도는 원운동하는 물체가 단위 시간 안에 원의 중심에 대해 회전한 각도와 이때 걸린 시간의 비다. 선속도와 각속도는 모두 원운동 하는 물체의 빠르기를 나타내는 물리량이다. 원운동하는 물체의 속력은 선속도와 각속도를 함께 고려해야만 정확하게 계산할 수 있다. 이 중 선속도의 크기가 변하지 않는 원운동을 '등속원운동'이라고 한다.

주기는 물체가 원주를 따라 한 바퀴 운동한 시간이다. 회전수는 물체가 단위 시간당 회전하는 횟수를 말하는데 빈도, 진동수라고도 한다.

구심가속도는 속도 방향 변화의 빠르기를 나타내는 물리량으로 공식은 $a_n = \dfrac{v^2}{r} = \omega^2 r$이다. 구심력은 원운동하는 물체에서 원의 중심방향으로 작용하는 일정한 크기의 힘(합력)을 나타내며 공식은 $F_n = ma_n$이다.

내게 된다. 기차는 질량이 굉장히 크기 때문에 필요로 하는 구심력도 매우 커서 레일이 받는 힘도 그만큼 클 수밖에 없다. 그러면 외측 레일에 변형이 발생하기 쉬우며 심각한 경우 레일이 뒤집혀 기차 탈선으로 이어질 수 있다.

따라서 노반을 적당히 높여 내측 레일에 대해 외측 레일의 높이를 높이면(실제 수치는 그다지 크지 않다) 외측 레일이 눌려 마모되는 상황을 피할 수 있다. 사실 모든 물체는 곡선 구간을 통과할 때 커브의 중심을 향하는 구심력이 필요하다. 육상선수가 경기장에서 곡선주로를 달릴 때는 몸이 안쪽으로 기울어진다. 쇼트트랙, 모터사이클 경주 등의 경기에서 코너링 때는 사람(차량)

의 몸이 안쪽으로 기울어지는 것을 보다 더 분명하게 관찰할 수 있는데 이렇게 하면 중력의 일부가 구심력을 제공하게 된다.

자동차가 아치형 다리를 지날 때, 자동차의 구심력은 아래쪽을 향하고 중력에서 지지력을 뺀 합력이 구심력을 제공한다. 이때 자동차가 다리에 가하는 압력(크기는 그 반작용력, 즉 지지력과 동일함)이 중력보다 작아서 자동차는 무중력 상태에 놓이게 된다. 속도가 빠를수록 압력이 줄어들어 속도가 어느 정도에 이르면 자동차는 교량의 노면 위로 붕 떠 원심 운동을 하기 시작한다. 이 밖에 우주인이 우주 공간에서 붕 뜨는 이유도 이와 같다. 지구를 반지름이 엄청나게 큰 아치형 '다리'라고 생각하면 이때 우주인의 중력은 모두 구심력을 제공하는 데 쓰인다.

원심 운동
원운동을 하는 물체가 받는 모든 합력이 갑자기 사라지거나 원운동에 필요한 만큼의 구심력을 제공할 수 없는 상황에서 점점 원의 중심에서 멀어지는 운동을 하는 것을 '원심 운동'이라고 한다. 본질적으로 따져보면 이는 원운동을 하는 물체가 그 자체의 관성 탓에 원주 접선 방향을 따라 날아가려는 경향이다. 세탁기통이 회전하면서 빨랫감의 물을 짜는 것도 원심 운동의 원리를 이용한 것이다.

　이와 비슷한 예를 우리 주변에서 쉽게 찾아볼 수 있다. 육상 종목 중, 원형의 던지기 구역 안에서 양손을 사용하여 해머를 던지는 경기인 해머던지기Hammer throw에서 해머가 손을 떠나 날아가는 것이나 비가 오는 날에 우산을 빙글빙글 돌려 빗방울을 터는 것, 솜사탕을 먹을 수 있는 것도 원심 운동 덕분이다. 솜사탕 기계 안에 설치된 원통 안에는 뜨겁게 가열돼 녹은 설탕 시럽이 담겨있다. 원통이 빠르게 회전함에 따라 끈적끈적한 설탕 시럽이 원심 운동을 하기 시작한다. 원통에 뚫린 수많은 작은 구멍을 통해 실 형태로 뿜어져 나온 설탕 시럽은 온도가 비교적 낮은 바깥 통에 이르러 빠르게 냉각돼 솜처럼 가늘고 부드러운 형태가 된다.

우주의 입법자
케플러의 3대 법칙

아주 오래전부터 세상이 어둠에 잠길 때면 사람들은 하늘 위에서 신비로운 빛을 뿜는 별들을 올려다보며 우주와 행성에 관해 무한한 상상의 나래를 펼치는 한편, 헤아릴 수 없이 많은 의문을 떠올렸다. 이런 의문들에 대한 답을 찾기 위해 지금껏 수많은 과학자가 밤낮을 가리지 않고 연구에 몰두했다.

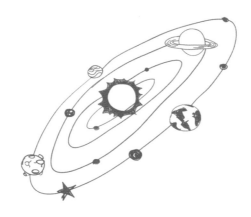

천문학의 역사를 살펴보면, 고대 그리스 과학자들이 남긴 논문이 무척 많다. 고대 그리스 후기, 수학자이자 천문학자였던 프톨레마이오스Ptolemaeos는 총 13권에 달하는 천문학서《알마게스트Almagest》를 저술했으며, 공처럼 둥근 지구가 우주의 중심이며 모든 천체가 지구 주위를 돈다는 지구중심설(천동설), 즉 프톨레마이오스 체계Ptolemaic system를 주장했다. 천동설은 오랜 시간 동안 지배적인 사상으로 군림했다. 그러다가 폴란드 천문학자 코페르니쿠스Copernicus가 1543년《천구의 회전에 관하여De revolutionibus orbium celestium》라는 책을 통해 논리적으로 태양중심설(지동설)을 주장한 뒤에야 지구가 우주의 중심이라는 생각이 뒤집힌다. 태양중심설은 태양이 우주의 중심으로 제자리에 정지해 있고 지구를 비롯한 나머지 행성들이 태양 주위를 공전한다는 우주관이다.

비록 시대의 억압으로 우주의 중심을 지구에서 태양으로 옮기는 데 그쳤지만 코페르니쿠스는 우주중심론과 우주유한론을 포기하지 않았다. 물론 훗날 연구 결과, 우주 공간은 무한하며 경계가 없고 형상도 없는 까닭에 중심도 없다는 점이 밝혀졌다. 지동설의 관점이 완전히 옳은 것은 아니지만 지동설은 인류의 우주관에 엄청난 변혁을 가져왔다. 코페르니쿠스는 이 거작을 출판한 해에 세상을 떠났다. 이후 태양중심설이 옳음을 증명하고 이를 보다 더 발전시킨 사람은 독일의 위대한 천문학자 케플러였다.

과학자 이야기 : 불행이 사랑한 대천문학자 케플러

케플러Johannes Kepler는 조산아로 충분한 영양을 섭취하지 못한 탓에 매우 허약해 일생 동안 병마와 싸워야 했다. 4살 때 성홍열에 걸려 죽음의 문턱까지 갔다 살아났지만 후유증이 크게 남아 시력이 극도로 약해졌고 한쪽 손에 장애까지 남고 말았다. 그러나 어려서부터 매우 영특했던 케플러는 수학과 천문학에 깊은 관심을 보였다. 1600년, 프라하로 간 케플러는 '별자리의 아버지'라 불리는 천문관측학자 티코 브라헤Tycho Brahe의 조수가 된다. 그러나 불행히도 티코는 두 사람이 함께 일한 지 1년 만에 세상을 떠났고 평생 동안 모은 대량의 정확한 관측 자료를 모두 케플러에게 남겼다.

그 당시에는 지구중심설이든 태양중심설이든, 천체 운동 자체를 매우 신성한 것으로 보고 천체 운동은 틀림없이 가장 완벽하고 조화로운 등속 원운동일 것이라고 생각했다. 그러나 케플러는 질리지도 않고 번거로운 계산을 거듭한 끝에 등속 원운동 규칙과 티코의 실제 관측 결과가 맞지 않음을 밝혀내고, 다른 기하학적 도형으로 행성의 운동을 설명하려고 했다. 결국 1609년, 케플러는 화성의 운행 궤도가 원형이 아니라 타원형임을 계산을 통해 증명해냈으며 더 나아가 케플러 제1법칙과 제2법칙을 도출했다.

이 두 법칙은 1609년에 출간된 《새로운 천문학$^{Astronomia\ Nova}$》 (《화성의 운동을 논하며(New Astronomy, Based upon Causes, or Celestial Physics, Treated by Means of Commentaries on the Motions of the Star Mars, from the Observations of Tycho Brahe, Gent.)》라고도 함)에 실렸는데, 이 책은 제1법칙과 제2법칙이 다른 행성과 달의 운동에도 적용된다고 밝혔다. 세 번째 법칙을 발견하기까지의 과정은 더욱 지난했다. 케플러는 불리한 연구 환경과 피로에 찌든 심신을 극복하고 오랜 시간에 걸친 번거로운 계산과 무수한 실패를 겪고 나서 마침내 '행성의 공전주기의 제곱은 타원 궤도의 긴반지름의 세제곱에 비례한다'라는 케플러 제3법칙을 유도한다. 이 연구 결과는 1619년 출간된 《세계의 조화$^{Harmonices\ Mundi}$》에 실렸다.

행성 운동의 3대 법칙(타원궤도의 법칙, 면적속도 일정의 법칙, 조화의 법칙)을 발견한 케플러는 '우주의 입법자'라는 미명을 얻었을 뿐만 아니라, 코페르니쿠스의 태양중심설을 증명할 수 있는 믿을 만한 증거까지 제공했다. 이 밖에도 케플러는 광학과 수학 발전에 큰 공헌을 하였으며, 현대 실험 광학의 기초를 마련했다. 케플러를 기리기 위해 국제천문학연합회는 1134소행성을 '케플러 소행성'이라고 명명했다.

케플러의 제1법칙 : 모든 행성은 태양을 한 초점으로 하는 타원궤도를 그리면서 공전한다.

케플러의 제2법칙 : 행성과 태양을 연결하는 가상의 선분이 같은 시간 동안 쓸고 지나가는 면적은 항상 같다.

케플러의 제3법칙 : 행성의 공전주기의 제곱은 궤도의 장반경(긴반지름)의 세제곱에 비례한다. 공식은 $a^3/T^2 = k$이다. 이 중 k는 케플러 상수로 태양 주위를 도는 행성과만 관계가 있다.

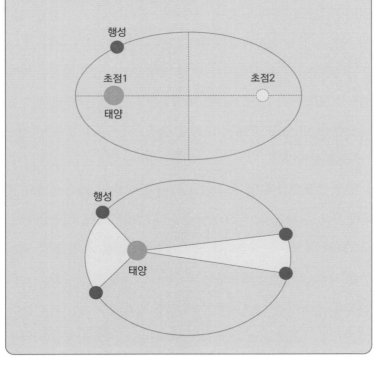

왜 겨울이 봄여름보다 더 짧을까?

먼저 지구가 태양 주위를 공전하는 그림을 살펴보자. 그림에서 타원은 지구 공전 궤도를 나타내며, 음력 절기 '춘분, 하지, 추분, 동지'일 때 지구의 위치를 따로 표시했다.

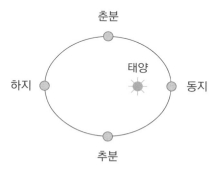

북반구에서 관찰하는 경우, 근일점에서 겨울, 원일점에서 여름이 된다. 케플러의 제2법칙에 따라 지구의 운동 속도는 여름보다 겨울이 더 빠르므로 봄과 여름이 가을과 겨울보다 더 길다는 사실을 알 수 있다. 봄철과 여름철은 총 186일이고 가을철과 겨울철은 179일밖에 안 된다. 그렇다면 남반구의 상황은 어떨지 한번 생각해보자.

사과와 달의 통일성
만유인력의 법칙

　　잘 익은 사과는 왜 나무에서 떨어질까? 달은 왜 지구 주위를 빙빙 돌까? 얼핏 들으면 서로 아무 상관 없는 문제 같지만 사과와 달에는 놀라울 정도로 똑같은 내적 통일성이 존재한다. 이 통일성은 자연계의 가장 기본적인 규칙 중 하나인 '만유인력의 법칙'에서 기인한다.

　　만유인력의 법칙은 뉴턴이 발견한 중요한 법칙이다. 1665년 봄, 영국에서 심각한 페스트가 발생하자 케임브리지대학은 만일의 사태에 대비해 대학을 폐쇄하기로 결정하고 휴교령을 내린다. 이에 당시 케임브리지대학에 다니고 있던 뉴턴은 어쩔 수 없이 고향집인 울즈소프 장원^{Woolsthorpe manor}으로 돌아가게 된다.

만유인력의 법칙 : 모든 물체 사이에는 서로 끌어당기는 힘이 작용하는 데 인력의 방향은 두 물체를 연결하는 직선의 방향이다. 인력의 크기는 두 물체의 질량의 곱에 비례하며, 두 물체 사이 거리의 제곱에 반비례한 다. 이를 공식으로 표현하면 다음과 같다.

$$F = G\frac{m_1 m_2}{r^2}$$

여기에서 $G = 6.67 \times 10^{-11} \text{N·m}^2/\text{kg}^2$는 만유인력 상수이다. 이 공식은 질점 사이의 상호 작용에 적용한다. 두 물체 사이의 거리가 물체 자체의 크기 보다 훨씬 클 경우, 물체를 질점으로 볼 수 있다. 균일한 물체는 질점으로 볼 수 있으며 r은 두 물체 사이의 거리이다. 이 공식은 균일한 구체와 구 체 밖에 있는 질점 사이의 만유인력에도 적용할 수 있는데 이때 r은 구체 의 중심과 질점 사이의 거리이다.

어느 날, 정원에 앉아있다가 나무에서 떨어지는 사과를 본 뉴턴 은 갑자기 궁금해지기 시작했다.

'왜 사과는 하늘로 날아가지 않고 땅에 떨어지는 걸까? 왜 사 과는 땅에 떨어지는데 달은 계속 지구 주위를 도는 걸까? 지구 와 달 사이의 작용이 달의 운동과 어떤 관계가 있을까?' 이런 의 문이 이어져 결국 만유인력의 법칙이 탄생했다. 뉴턴은 이 이야 기를 친구인 윌리엄 스터클리 William Stukeley 에게 말했고 스터클리 는 1752년에 출간한 《아이작 뉴턴 경의 삶에 대한 회고록 Memoirs of Sir Isaac Newton's Life》에서 이 일화를 소개했다. 현재 그 사과나무는 주위에 울타리가 쳐진 채 여전히 울즈소프 장원 안에 있으며 과

학 탐구 정신의 상징으로 여겨지고 있다.

1687년, 영국 천문학자 헬리 Edmond Halley의 금전적 도움으로 뉴턴은 《자연철학의 수학적 원리》, 흔히 '프린키피아Principia'라고 불리는 인류 과학사상 가장 위대한 저서를 출간했다. 이 책에서 뉴턴은 혁혁한 명성을 자랑하는 '뉴턴의 운동 3법칙'과 '만유인력의 법칙'을 소개하고 자신이 발명한 미적분을 이용해 거리의 역제곱에 비례하는 만유인력의 법칙으로 케플러의 제3법칙을 유도할 수 있음을 증명했다.

뉴턴은 이 책에서 물체의 운동 이론과 만유인력의 작용하에서 물체의 운동 규칙을 전반적으로 논하고 행성이 구심력의 작용으로 궤도상에서의 운동을 유지하는 이유를 설명했으며, 포물선 운동과 천체 운동의 비슷한 점과 다른 점을 비교했다. 이 책을 출판하면서 뉴턴의 이름이 널리 알려지게 되었는데 헬리의 말을 빌리자면 뉴턴은 '세계에서 가장 신에 가까운 사람'이 되었다.

만유인력의 법칙에 따르면, 사과가 나무에서 떨어지는 것은 초속도가 없는 사과가 지구 인력의 작용을 받기 때문이다. 달이 지구 주위를 도는 것은 달도 지구 인력의 작용을 받기는 하지만 이 인력이 달이 원운동을 하는 구심력만을 제공하기 때문에 달은 사과처럼 지구로 떨어지지 않는 것이다. 사실 지구 근처에 있는 물체가 받는 중력은 거의 만유인력과 같다. 만유인력과 중력 공식에 따르면, 중력 상수만 측량해내면 지구의 질량을 구할 수 있다.

뉴턴이 만유인력의 법칙을 발표한 지 100년이 지난 1798년, 영국의 물리학자 캐번디시$^{Henry\ Cavendish}$가 만유인력 상수 G를 측정하는 데 성공한다. 이로 인해 캐번디시는 '지구의 질량을 잰 사람'이라고 불리게 되었다. G의 측정은 만유인력이 존재한다는 사실을 증명한 것으로 이로써 일정한 값으로 만유인력을 계산하는 것이 가능해졌다. 또한 역학실험 정밀도의 향상을 의미했다. 뿐만 아니라 약한 상호작용력을 측량하는 새로운 시대를 열었다.

지구 주위를 도는 데 동력이 필요할까?
위성에 관해

독일의 철학자 칸트는 이런 말을 남겼다.

"더 자주, 끊임없이 생각할수록, 늘 새롭고, 갈수록 더 큰 감탄과 경외감으로 마음을 채우는 두 가지가 있다. 바로 내 위의 별이 빛나는 하늘과 내 안의 도덕 법칙이다."

이런 호기심과 경외감에서 인류는 과학 지식을 이용해 갖가지 우주설비를 만들어 '별이 빛나는 하늘'을 탐색했는데 그중에서도 매우 중요한 설비가 바로 인공위성이다.

인공위성에 대해 얼마나 알아?

인공위성은 지구의 둘레를 공전하는 인공적인 장치를 말한다. 인공위성은 가장 많이 발사됐고, 가장 광범위하게 사용되며, 가장 빨리 발전한 우주설비로 우주로 발사된 우주설비 중 90% 이상을 차지한다. 우주 공간의 물리적 탐측, 천문 관측, 글로벌 통신, 군사 정찰, 지구 자원 탐사, 기상 관측, 환경 모니터링, 탐색구조 활동, 위성 항법 등 다양한 영역에 쓰이고 있다.

인공위성은 다양한 방식으로 분류할 수 있다. 궤도 높이에 따라서는 저궤도위성(지구의 해수면에서 2,000km 이하까지의 높이), 중궤도위성(2,000~35,786km 사이의 높이), 고궤도위성(35,786km 이상 높이)으로 나뉘고 응용 분야에 따라 분류하면 과학위성, 기술실험 위성, 응용위성으로 나눌 수 있다. 또 구체적인 용도에 따라 분류하면 천문위성, 통신위성, 기상위성, 정찰위성, 항법위성, 자원위성 등으로 나눌 수 있다. 이처럼 종류도 다양하고 용도도 각기 다른 인공위성은 인류를 위해 크나큰 기여를 했다.

혹시 우주 공간에 얼마나 많은 인공위성이 떠 있는지 아는가? 사실 정확한 숫자는 알기 어렵다. 인공위성은 민간 인공위성과 군용 인공위성으로 나뉘는데 세계 각국의 민간 인공위성은 대개 공개된 상태이지만 군용 인공위성은 대체로 공개하지 않기 때문이다. 유럽우주국European Space Agency의 통계에 따르면, 1957년 소련이 세계 최초의 인공위성을 쏘아올린 뒤, 세계 각국에서 발사된 인공위성은 약 7,000여 개다. 그중 약 3,600여 개가 여전히 우주 공간에 남아있지만 운행을 계속하는 것은 1,000여 개에 불과하고 나머지는 이미 우주 쓰레기가 되었다.

정지궤도위성은 지구동기궤도$^{Geosynchronous\ orbit}$상에서 서쪽에서 동쪽으로 운행하는 인공위성으로, 궤도의 주기가 지구의 자전 주기(1항성일$^{Sidereal\ day}$, 즉 23시간 56분 4초)와 동일하다. 정지궤도위성은 지면으로부터 약 36,000km 상공에서 운행하는데 궤도 경사각에 따라 지구정지위성(궤도 평면과 적도 평면이 겹침), 경사궤도위성과 극지궤도위성(궤도 평면과 적도 평면이 수직을 이룸)으로 나뉜다. 통신위성은 대부분 첫 번째 유형에 속하며 인공위성 한 대가 영향을 미칠 수 있는 범위는 지구 표면의 약 40%이다. 이때 이 인공위성은 영향권 안의 모든 지면, 해상, 공중의 통신소와 동시에 쌍방향 통신을 할 수 있다.

위성을 발사하는 데 필요한 속도는?

위성이 궤도상에서 운행할 때는 따로 동력이 필요하지 않다. 위성에 대한 지구의 만유인력이 위성이 지구 주위를 도는 데 필요한 구심력과 같기 때문이다. 이때 위성과 내부의 물체는 완전한 무중력 상태에 있다고 볼 수 있다. 그러나 위성을 발사하려면 필요한 속도가 있기 때문에 위성을 예정된 궤도상으로 쏘아 올리려면 발사체나 우주왕복선의 도움이 필요하다.

위성의 최소 발사 속도는 7.9km/s이다. 일상생활에서 접할 수 있는 속도에 비하면, 이는 상상할 수 없을 정도의 빠르기다. 그렇다면 인공위성이 이토록 큰 초속도를 내게 하려면 어떻게 해야 할까? 소련 과학자 치올콥스키Konstantin Eduardovich Tsiolkovskii는 1903년에 그 이름도 유명한 치올콥스키 로켓 방정식Tsiolkovsky's rocket equation을 유도해 이처럼 빠른 속도에 도달하려면 로켓에 얼마만큼의 추진제가 필요한지를 보여줬다. 이로써 인류는 우주로의 첫발을 내디뎠고 치올콥스키는 '우주 개발의 아버지'라고 불리게 되었다.

위성항법장치 사전에 과부하란 없다

위성항법장치와 일상생활의 관계가 날로 긴밀해지고 있다. 그런 까닭에 지구상의 수많은 사람과 설비가 동시에 위성항법

장치를 사용하면 위성에 과부하가 걸리는 건 아닌지 걱정하는 사람도 있다. 사실 위성항법장치 사전에 과부하란 없다. 항법위성이 하는 유일한 일은 지상으로 신호를 전송하는 것이다. 이 과정에서 위성은 어떠한 계산도 할 필요가 없다. 지상의 항법수신기가 네 개 이상의 위성이 발사한 항법위성신호를 수신하여 신호가 수신기에 도달하기까지의 시간을 측정해 최종적으로 자신의 위치를 구하는 것이다. 따라서 이론적으로 보자면 위성항법 시스템의 사용자 수에는 상한선이 없으며 아무리 많은 사람과 설비가 동시에 사용해도 과부하가 걸릴 일이 없다.

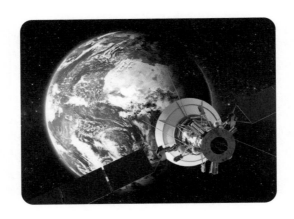

범지구 항법 위성 시스템GNSS·Global Navigation Satellite System은 지표면이나 지표에 가까운 공간의 어느 지점에서든 사용자에게 전천후 3차원 좌표, 속도 및 시간 정보를 제공할 수 있는 우주 기반 무선 항법 시스템이다. 항법 시스템은 일반적으로 수십 개의

위성을 포괄하는데(대부분 30개 이상) 기본적으로 중저위도 지역 수신기는 언제 어느 때라도 8개 이상의 위성을 동시에 관측할 수 있다.

현재 전 세계적으로 미국의 GPS, 러시아의 글로나스^{GLONASS}, 유럽의 갈릴레오^{Galileo}, 중국의 베이더우^{BDS·BeiDou}, 이 네 개의 GNSS가 있다.

이번 장을 읽고 다음 탐구 과제들을 진행하면서 물리학의 매력을 느껴보자.

Task 1 실험-젓가락으로 쌀통 들어 올리기

원기둥 모양의 사기그릇이나 깡통 안에 쌀을 담는다. 쌀을 담을 때는 살살 흔들면서 담아 빈 공간이 없이 꽉 차게 만든다. 왼손 네 손가락으로 쌀을 꾹 누르면서, 오른손으로 집은 젓가락을 손가락 사이 용기의 한가운데에 힘껏 찔러 넣는다. 이때 젓가락이 용기 밑바닥까지 닿도록 해야 한다. 이제 쌀이 담긴 용기를 들어보자.

(Tip : 만약 젓가락이 네모지고 표면이 거친 편이라면 쌀을 담은 용기를 단번에 들어 올릴 수 있다. 쌀과 젓가락의 접촉면이 거칠어 마찰력이 크기 때문이다. 만약 젓가락이 둥글고 표면이 매끄럽다면 쌀 속에 물을 좀 넣어 쌀이 좀 불은 다음에 시도하면 성공할 수 있다.)

Task 2 줄타기 곡예사가 줄을 탈 때 평형을 유지하는 방법에 대해 생각해보자.

(Tip : 줄타기 곡예 영상을 잘 보면, 몸의 균형이 흐트러져 떨어지려

할 때 두 팔을 움직여 균형을 잡는 것을 확인할 수 있다. 두 팔을 펼쳐 움직이는 것은 중력의 작용선을 조정하는 것으로 두 팔이 지지면을 통과하면 평형을 회복하게 된다. 어떤 곡예사는 긴 막대를 가로로 들어 균형을 잡는데 이것도 같은 이치다.)

Task 3 달걀 두 개가 있다. 겉모양과 온도는 똑같지만 하나는 날달걀이고 다른 하나는 삶은 달걀이다. 둘을 어떻게 구분할 수 있을까?

(Tip : 날달걀과 삶은 달걀은 회전을 멈추는 과정에서 서로 다른 양상을 보인다. 회전하고 있는 삶은 달걀은 손만 살짝 갖다 대면 바로 멈춘다. 그러나 날달걀은 손이 닿았을 때 잠깐 멈추는 듯하다가 곧바로 손을 떼면 조금 더 회전하려고 한다. 그 이유는 관성 때문이다. 날달걀의 달걀 껍데기는 회전을 저지당했지만 안쪽에 있는 노른자와 흰자는 바깥쪽의 달걀껍데기와 상관없이 계속해서 회전한다. 반면 삶은 달걀의 경우, 노른자와 흰자가 바깥쪽의 달걀껍데기와 동시에 회전을 멈춘다.)

개미는 왜 높은 곳에서 떨어져도 멀쩡할까?

(Tip : 운동하는 물체가 받는 공기 저항의 크기는 물체와 공기의 접촉 면적과 관련이 있다. 물체가 떨어질 때, 물체의 표면적과 중력의 비가 클 수록 저항은 더 쉽게 중력과 평형을 이루게 된다. 그래서 작은 동물은 공기 중에서 매우 느리게 떨어지게 된다. 높은 곳에서 떨어져도 개미가 멀 쩡한 것은 바로 이 때문이다. 이러한 힘의 자릿수와 대략적인 값을 계산 한 다음, 그 비율을 어림해보면 더 직관적으로 느껴질 것이다.)

Task 5 일상생활을 관찰하고 〈마찰력과 나의 하루〉라는 제목 의 글을 써보자.

해가 어둠을 몰아내면 새로운 아침이 시작된다. 여러분이 눈 을 뜨는 순간, 눈동자와 눈꺼풀 사이에서 오늘의 첫 번째 마찰이 발생하지만 여러분은 전혀 깨닫지 못한다. 이어서 이불을 걷고 손을 뻗어 옷을 쥔다. 옷을 집어 끌어당길 수 있는 것은 옷과 손 사이의 마찰력 덕분이다. 만약 이 마찰력이 없다면 어찌어찌 옷 은 끌어왔다 하더라도 입는 과정이 결코 순탄치 않을 것이다. 일 단 옷을 손에 쥘 수가 없을 테고 단추를 잠그는 일은 꿈도 못 꿀 테니 말이다.

침실을 나설 때는 신발이 지면과 발, 이 두 대상과 동시에 마 찰을 일으킨 덕분에 한 걸음 한 걸음 앞으로 나아갈 수 있다. 아 침 식사를 마친 뒤, 양치질을 할 때는 칫솔과 치아 사이에 발생

하는 미끄럼마찰이 치아 사이에 낀 음식물 찌꺼기를 제거하고
치아면을 깨끗하게 만들어준다.

Task 6 관찰 및 자료 조사를 통해 자동차와 관련된 역학 지식
을 정리해보자.

(**Tip** : 자동차는 운행 중에 받는 공기의 저항을 줄이기 위해 유선형으
로 설계된다. 자동차의 기본을 이루는 섀시^{Chassis}는 대부분 질량이 큰데
이렇게 만들면 자동차의 중심을 낮추고 운행 안정성을 높일 수 있다. 자
동차가 앞으로 나아가는 동력은 엔진으로부터 동력이 전달되는 바퀴에
대한 지면의 마찰력인데 동력이 전달되는 바퀴와 동력이 전달되지 않는
바퀴의 지면과의 마찰력 방향은 서로 반대다. 자동차가 평평한 노면을
등속으로 주행 중일 때, 견인력과 저항은 서로 평형을 이루고 자동차가
받는 중력과 지면의 지지력도 평형을 이룬다. 뉴턴의 제2법칙에 따르면
힘은 물체의 운동 상태를 바꾸는 원인이므로 자동차가 코너링을 할 때,
운전사는 핸들을 꺾어야 한다. 또 뉴턴의 제1법칙에 따라 승객은 관성을
가지고 있으므로 이때 승객은 자동
차가 코너링을 하는 반대 방향으로
기울어질 것이다. 자동차 운전사와
앞쪽에 앉은 승객이 반드시 안전벨
트를 매야 하는 이유도 관성으로 인
한 위험을 방지하기 위해서다.)

1. 힘

힘은 물체 사이의 상호작용이다. 힘의 작용은 물체의 운동 상태를 바꾸거나 물체를 변형시키는 효과가 있다. 힘의 3요소는 힘의 크기, 방향, 작용점이다. 힘은 크기와 방향이 있으며 힘의 계산은 평행사변형 법칙과 삼각형 법칙을 따른다. 힘은 물체를 벗어나 독립적으로 존재할 수 없다. 물체 간 힘의 작용은 상호적이어서 작용력이 있으면 반드시 그에 상응하는 반작용력이 있다.

2. 중력

중력은 물체에 대한 지구의 인력으로 인해 물체가 받는 힘으로 물체의 질량과 비례한다. 이를 공식으로 표현하면 $G=mg$가 된다. g는 중력가속도로 위도가 커질수록 중력가속도 값도 커지고 고도가 높아질수록 중력가속도 값은 작아진다.

중력의 방향은 항상 연직 방향, 즉 지구의 중심을 향한다. 연구의 편의를 위해 인위적으로 정한 중력의 작용점을 무게중심이라고 하는데 질량 분포가 고른 규칙적인 물체의 무게중심은 그 기하학적 중심에 있다. 형상이 불규칙하거나 질량 분포가 고르지 않은 얇은 널빤지의 무게중심은 실에 매달아 측정할 수 있다. 이 경우, 물체를 한 점에 자유롭게 매달리도록 한 다음 추가 달린 실을 매달아 실을 따라 직선을 긋고 다른 점도 같은 방법으로 선을 긋는다. 이 두 직선이 만나는 점이 무게중심이다.

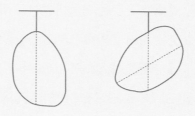

3. 탄성력과 훅의 법칙

실험 결과, 용수철에 탄성변형이 생길 경우에 탄성력의 크기는 용수철이 늘어난(또는 줄어든) 길이 x와 비례한다. 이를 공식으로 표현하면 $F=-kx$이다. k는 용수철의 탄성계수로 단위는 N/m이다. 일반적으로 k가 클수록 용수철이 '단단하고', k가 작을수록 용수철이 '부드럽다'. k의 크기는 용수철의 굵기, 길이, 재료, 감긴 횟수 등 요소와 관련이 크다. 탄성력과 용수철의 변형량의 관계는 F-x 그래프로 나타낼 수 있다.

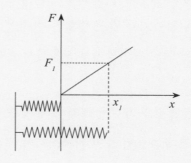

4. 마찰력

마찰력은 서로 접촉한 상태로 누르는 거친 물체 간의 상대적인 움직임 또는 상대적인 움직임 경향을 방해하는 힘을 말한다. 상대적인 움직임을 방해하는 것은 운동마찰이고 상대적인 움직임 경향을 방해하는 것은 정지마찰이다. 미끄럼마찰력의 크기는 물체의 수직항력 F_N에 비례한다. 즉, $F_f = \mu F_N$이다. μ은 두 물체 사이의 운동마찰계수로 그 크기는 접촉면의 속성에 따라 다르다.

5. 뉴턴의 3법칙

뉴턴의 제1법칙 : 외부로부터 힘이 작용하지 않는 한 정지해 있던 물체는 계속 정지 상태로 있고, 움직이던 물체는 계속 일직선 위를 똑같은 속도로 운동한다.

뉴턴의 제2법칙 : 물체에 힘이 가해졌을 때 물체가 얻는 가속도는 가해지는 힘에 비례하고, 물체의 질량에 반비례한다. 가속도의 방향과 힘의 방향은 같다.

뉴턴의 제3법칙 : 물체 A가 다른 물체 B에 힘을 가하면, 물체 B는 물체 A에 크기는 같고 방향은 반대인 힘을 동시에 가하며 두 힘은 서로 동일 직선상에서 작용하게 된다.

이상의 법칙들은 지구에 대해 정지해 있거나 등속 직선 운동을 하는 좌표계(관성계) 중의 거시적이며 저속 운동을 하는 물체에 한해서만 적용되며 미시적이며 고속 운동을 하는 입자에는 적용되지 않는다.

6. 초중력과 무중력

	초중력	무중력	완전한 무중력
개념	지지물에 대한 물체의 압력(또는 공중에 매달린 물체에 대한 장력)이 물체가 받는 중력보다 큰 현상	지지물에 대한 물체의 압력(또는 공중에 매달린 물체에 대한 장력)이 물체가 받는 중력보다 작은 현상	지지물에 대한 물체의 압력(또는 공중에 매달린 물체에 대한 장력)이 0과 같은 현상
생성 조건	물체가 위쪽으로 가속하거나 아래쪽으로 감속하는 경우	물체가 아래쪽으로 가속하거나 위쪽으로 감속하는 경우	물체가 아래쪽으로 가속하며 크기가 g와 같은 경우
공식	$F-mg=ma$, $F=m(g+a)$	$mg-F=ma$, $F=m(g-a)$	$mg-F=ma$, $F=0$
운동 상태	가속 상승, 감속 하강	가속 하강, 감속 상승	무저항 포물선 운동, 인공위성, 우주정거장에 있는 사람과 물체
겉보기 무게	$F>mg$	$F<mg$	$F=0<mg$

7. 구심력과 원주운동

구심력은 힘의 작용 효과에 따른 명칭으로 원운동하는 물체에서 원의 중심방향으로 작용하는 일정한 크기의 힘(합력)을 나타내며, 이것의 작용 효과는 구심가속도를 생성시킨다는 것이다. 구심가속도는 속도 방향 변화의 빠르기를 나타낸다. 구심가속도 방향과 선속도 방향은 수직인데 선속도 방향만 바꾸고 선속도 크기는 바꾸지 않으며, 공식은 $F_n = m\omega^2 r = m\dfrac{v^2}{r} = m\dfrac{4\pi^2}{T^2} r$ 이다. 수직 평면 안에서의 원운동은 초중력이나 무중력 효과를 만들어낸다.

예를 들어 자동차 m이 아치형 다리에서 속도 v로 전방을 향해 주행할 때, 다리의 바닥 원호의 반지름은 r이며, 차량에 대한 다리 바닥의 지지력의 크기는 다리 바닥에 대한 자동차의 압력과 같다. 구심력 공식에서 다음 결론을 내릴 수 있다.

가운데가 위로 볼록한 다리는 $mg - F_N = m\dfrac{v^2}{r}$, $F_N = mg - m\dfrac{v^2}{r} \leqslant mg$로 무중력 효과가 생긴다. 가운데가 아래로 푹 꺼진 다리는 $F_N - mg = m\dfrac{v^2}{r}$, $F_N = mg + m\dfrac{v^2}{r} \geqslant mg$로 초중력 효과가 생긴다.

8. 케플러의 3법칙

케플러의 제1법칙 : 모든 행성은 태양을 한 초점으로 하는 타원궤도를 그리면서 공전한다.

케플러의 제2법칙 : 행성과 태양을 연결하는 가상의 선분이 같은 시간 동안 쓸고 지나가는 면적은 항상 같다.

케플러의 제3법칙 : 행성의 공전주기의 제곱은 궤도의 장반경 (긴반지름)의 세제곱에 비례한다.

9. 만유인력의 법칙

만유인력의 법칙 : 모든 물체 사이에는 서로 끌어당기는 힘이 작용하는데 인력의 방향은 두 물체를 연결하는 직선의 방향이다. 인력의 크기는 두 물체의 질량의 곱에 비례하며 두 물체 사이 거리의 제곱에 반비례한다.

레오나르도 다빈치는 영구기관이 실현 불가능한 것임을 깨닫고
당시 기술자들에게 더는 영구기관을 만드는 데
도구와 시간, 재능과 정력을 낭비하지 말 것을 권했다.
영구기관은 '결코 실현될 수 없기' 때문이었다.

03

일, 에너지와 운동량

뉴턴의 운동법칙, 에너지 관점, 운동에너지 관점은 물리 문제를 분석하는 3가지 열쇠입니다. 사실 이 세 가지는 각기 다른 세 가지 측면에서 힘과 운동의 관계를 연구한 거예요. 문제를 분석할 때는 선택한 방법과 각도에 따라 문제의 난이도와 복잡도에 큰 차이가 생긴답니다. 그러나 대다수 상황에서 이 세 가지를 함께 사용해야 합니다. 이번 장에서는 물리학 전체를 관통하는 개념인 에너지와 운동량에 대해 알아보도록 해요.

에너지는 '일'을 빼놓고 이야기할 수 없어요. 에너지는 상태량으로, 물체는 처한 상태에 따라 에너지값이 달라집니다. 에너지는 '일'을 하거나 '열' 전달의 형식으로 변환돼요. 역학에서 일은 역학적 에너지 변환의 물리량이고, 열역학에서 일과 열에너지는 내부에너지 변환의 물리량입니다.

중고등과정 물리에서 역학, 열역학, 전자기학, 광학, 원자물리 등 각 분야는 운동에너지, 퍼텐셜에너지, 전기에너지, 내부에너지, 핵에너지 등 여러 가지 형식의 에너지를 다루는데 이런 형식의 에너지들은 서로 변환될 수 있으며, 에너지 변환 법칙과 에너지 보존의 법칙을 따릅니다. 에너지는 중고등과정 물리의 주요 내용으로, 이를 바탕으로 많은 물리 문제를 분석하고 해결할 수 있어요. 에너지 보존의 법칙과 각운동량 보존의 법칙도 자연계에 보편적으로 존재하는 법칙이므로 함께 살펴보기로 해요.

핵심 내용

- 일의 원리
- 운동에너지 법칙
- 운동량 정리
- 대칭성과 보존
- 다양한 형식의 에너지
- 에너지 보존의 법칙
- 운동량 보존의 법칙

유용한 단순 기계
일의 원리

순자는 《권학勸學》에서 이렇게 말했다.

"군자는 나면서부터 남들과 다른 것이 아니라, 사물을 잘 빌려 이용할 뿐이다."

현명한 사람도 본성 면에서는 평범한 사람과 다를 바가 없으며, 그저 외부의 사물을 활용하는 데 능할 뿐이라는 뜻이다. 우리는 일상생활에서 일의 효율을 높이고 일을 간단하게 만들어주는 여러 장치를 사용하는데 이 장치들을 단순 기계라고 부른다. 단순 기계는 다음 세 가지 면에서 우리 생활에 편의를 제공한다.

하나, 힘을 덜 수 있다. 예를 들어 빗면을 이용하는 경우를 생각해보라. 물체를 높은 곳까지 직접 옮기려면 꽤나 힘이 들 테지만 기울어진 빗면을 활용하면 보다 적은 힘으로 물체를 옮길 수 있다. 구불구불한 산길에서도 이 점을 이용하면 힘을 덜 수 있다. 비록 산길이 좀 더 구불구불해진다는 단점이 있지만 자동차가 산길을 오르기는 훨씬 쉽다.

산을 감도는 도로가 없다면
자동차가 가파른 산길을 오르기란 쉽지 않을 터

둘, 거리를 줄여준다. 핀셋을 예로 들어보자. 핀셋은 알약, 머리카락, 가시 및 기타 자잘한 물건을 집을 때 사용되는 도구이자 흔히 볼 수 있는 공구이다. 핀셋으로 무언가를 집을 때, 힘을 주는 손의 작용 거리가 짧아도 핀셋 머리는 상당히 넓게 벌어진다.

셋, 힘의 방향을 바꾼다. 도르래를 살펴보자. 깃대 꼭대기에 있는 고정도르래는 기수가 깃발을 올리려고 밧줄을 아래쪽으로 힘껏 당기면 밧줄에 고정된 깃발이 위로 올라가게 만들어준다. 기중기 상의 도르래도 같은 원리다.

단순 기계는 그 종류가 굉장히 다양한데, 크게 지레를 활용한 단순 기계와 빗면을 활용한 단순 기계, 이 두 가지로 나눌 수 있다. 지레를 활용한 단순 기계에는 지레, 도르래, 축바퀴, 톱니바퀴 등이 있고 빗면을 활용한 단순 기계에는 빗면, 나사, 쐐기 등이 있다. 다양한 단순 기계는 사람의 수고를 덜어주는데 어떤 종류의 단순 기계든 반드시 기계의 일반 규칙인 '일의 원리'를 따라야 한다.

일의 원리는 '기계의 황금률'이라고도 불리는데 어떠한 도구를 사용하더라도 결국 물체에 한 일의 크기는 같다는 내용이다. 여기에서 말하는 '일'은 물체에 힘을 가했을 때 힘과 힘이 가해진 방향으로 움직인 거리를 곱한 물리량이다. 일의 원리에 따라 힘을 적게 쓰면 힘이 가해진 거리가 늘어나고, 반대로 힘이 가해진 거리가 줄어들면 더 큰 힘을 써야 한다.

다들 익히 알고 있을 '지레'의 예를 들어보자. 손톱깎이의 윗부분은 힘에서 이득을 보는 지레 부분으로 사용할 때 거리에서 손해, 즉 더 긴 거리를 움직여야 한다(끝부분에 작용하는 손의 힘의 작용 거리). 젓가락은 거리에서 이득을 보는 지레로 사용할 때 힘에서 손해, 즉 힘을 더 많이 써야 한다(젓가락 중간에서 작용하는 손의 힘). 이 밖에도 자전거 브레이크(힘에서 이득), 카누의 노(힘에서 손해), 가위(원예가위 등은 힘에서 이득인 지레, 이발가위 등은 힘에서 손해인 지레) 등이 지레를 이용한 도구다.

아주 중요한 개념
에너지

'에너지'라는 단어는 일상적으로 흔히 사용되지만 정확한 뜻을 설명할 수 있는 경우는 드물다. '에너지'라는 단어에 넓은 의미와 좁은 의미가 있기 때문이다. 넓은 의미로 말하는 에너지는 모든 학문 분야에서 사용된다. 철학적 의미에서 에너지는 어떤 사물이 다른 사물에 변화를 일으키는 성질을 말한다. 물리학에서 에너지는 물리학의 기본 개념 중 하나다.

고전역학에서 상대론, 양자역학, 우주학에 이르기까지 에너지는 매우 중요한 핵심 개념이다. 1807년, 영국의 물리학자 토마스 영Thomas Young이 런던에서 자연철학 강연을 하면서 에너지Energy라는 단어를 처음으로 사용하고 에너지와 물체가 하는 일을 연계시켰지만 그다지 큰 주목을 받지는 못했다. 당시 사람들은 여전히 서로 다른 운동에는 서로 다른 힘이 내포되어 있다고 생각했다(정확한 개념은 '운동하는 물체는 에너지를 가지고 있다'이다). 그러다가 에너지 보존의 법칙이 제기되고 정론으로 받아들여진 후에야 에너지 개념의 중요성과 실용 가치를 깨달았다.

세상의 만물은 끊임없이 운동한다. 물체의 모든 속성 중에서 가장 기본적인 속성은 운동이고, 나머지 속성은 모두 운동이 구체화된 성질이다. 에너지는 물체가 운동해서 변한 양이라고 볼 수도 있다. 에너지는 운동하는 모든 물체의 공통된 속성으로 물체가 '일을 할 수 있는 능력'을 가졌음을 보여준다.
어떤 물체가 외부에 대해 일을 할 수 있으면 그 물체는 에너지를 가졌다고 말할 수 있다. 물체의 운동 형식이 다양하듯, 에너지 형식도 다양하며 각각의 에너지는 일정한 방식으로 상호 전환될 수 있다.

에너지의 개념과 이와 관련된 법칙들은 이미 물리학의 각 분야에서 요긴하게 쓰이고 있다.

역학에서 에너지의 형식에는 운동에너지, 탄성퍼텐셜에너지, 중력퍼텐셜에너지 등이 있는데 이를 모두 합쳐 역학적 에너지라고 부른다. 역학적 에너지의 전달과 변환은 기계적 일로 측정하므로 운동에너지 정리, 일과 에너지의 관계 등 변환 법칙이 존재한다.

전자기학에서 에너지의 형식에는 회로의 전기에너지, 전자기장에서의 정전퍼텐셜에너지, 전기장 에너지, 자기장 에너지 등이 있다. 열역학에서는 거시적으로 이야기되는 내부에너지, 열에너지, 화학에너지도 있고, 미시적으로 거론되는 분자운동에너지, 분자퍼텐셜에너지 등도 있다. 광학과 원자물리학에서는 빛에너지(전자기에너지), 원자에너지(핵에너지) 등이 있다. 다양한 형식의 에너지는 상호 전환될 수 있다. 주변을 둘러보면 에너지가 전환되는 예를 쉽게 찾아볼 수 있다.

높이뛰기에서 장대의 형태가 변하는 탄성퍼텐셜에너지는 운동선수의 중력 퍼텐셜에너지로 전환된다.

모닥불이 탈 때는 나무토막의 화학에너지가 열에너지와 빛에너지로 전환된다.

총알이 나무토막을 꿰뚫는 원리

운동에너지와 운동에너지 정리

다채로운 지형이 펼쳐진 광활한 땅이 있다. 엔지니어인 여러분이 수력발전소와 풍력발전소를 지어야 한다면 어떤 곳을 고르겠는가? 상식과 경험을 바탕으로 합리적인 판단을 내린다면, 수력발전소는 물살이 빠른 곳에 지어야 할 테고, 풍력발전소는 풍력에너지 자원이 풍부한 곳에 지어야 할 것이다. 좀 더 깊이 생각해보자.

이 두 곳의 공통점은 무엇일까? 발전에 필요한 물은 움직이는 것이고 바람도 움직이는 것이다. 물체는 움직이기(운동하기) 때문에 에너지를 갖는다. 발전은 바로 이런 운동에너지를 전기에너지로 바꾸는 것이기에 위와 같은 장소를 골라야 한다.

17세기, 독일의 수학자 라이프니츠는 마찰로 인해 물체의 속도가 줄어드는 현상을 설명하기 위해 '활력'이라는 뜻을 가진 물체가 운동으로 인해 갖게 되는 에너지를 '운동에너지'라고 한다. 운동하는 물체는 모두 운동에너지를 갖는다. 질량이 같은 물체는 운동 속도가 빠를수록 운동에너지가 크다. 운동 속도가 같은 물체는 질량이 클수록 운동에너지도 크다.

운동에너지 공식은 $E_k = \frac{1}{2}mv^2$이고 단위는 줄(J)이며 $1J=1N \cdot m=1kg \cdot m^2/s^2$이다. 운동에너지는 스칼라양으로 방향이 없으며 항상 양수이다.

'비스 비바Vis Viva' 개념을 제시하고 이를 물체의 질량과 속도의 제곱을 곱한 값으로 정의했다. 이 정의는 이미 운동에너지의 의미를 어느 정도 담고 있다.

라이프니츠Gottfried Wilhelm Leibniz

운동에너지와 일에 대해 최초로 현대적 의미의 정의를 내린 사람은 프랑스의 물리학자 코리올리Gustave Gaspard Coriolis였다. 1829년, 코리올리는 물체의 운동에너지를 물체 질량의 $\frac{1}{2}$에 그 속도의 제곱을 곱한 값으로 정의했으며, 어떤 물체에 대해 작용력이 하는 일은 이 힘에 그(저항을 극복하기 위해 하는) 운동 거리를 곱한 것으로 정의했다.

운동에너지는 역학적 에너지로 종종 다른 형식의 에너지로 전환된다. 예를 들어 '마찰하면 열이 발생하는' 상황은 운동에너

운동에너지 정리란, 어떤 과정에서 외력의 총합이 물체에 대해 한 일은 이 과정에서 물체의 운동에너지의 변화와 같다는 것이다. 이를 공식으로 표현하면 $W=\frac{1}{2}mv_2{}^2-\frac{1}{2}mv_1{}^2$이다. 이 정리는 직선운동에도 적용되고 곡선운동에도 적용된다. 또한 힘이 일정한 일에도 적용되고 힘이 변하는 일에도 적용되는, 역학에서 매우 중요한 정리이다.

지가 열에너지로 전환된 것이다. 나무판 위에 나무막대를 빠르게 마찰시키면 불이 붙는다는 '마찰식 점화법'에 대해 들어봤을 테지만 실제로 해본 적이 있는가? 궁금하다면 재료를 준비해서 한번 시도해보라. 생각만큼 어렵지 않을 것이다.

마찰식 점화 실험

운동에너지 정리로 수많은 문제를 해결할 수 있다. 간단한 예를 들어보자.

속도가 500m/s인 총알이 고정된 나무토막을 꿰뚫고 지나간 뒤 속도가 400m/s로 줄어들었다. 총알이 나무토막 속에서 받는 저항이 일정하다면 이 총알은 똑같은 나무토막을 몇 개나 더 뚫을 수 있을까?

운동에너지 정리에 따라, 저항이 총알에 대해 한 일(이 예는 음의 일)은 이 과정에서의 총알의 운동에너지의 변화와 같다(이 예는 감소하는 경우). 저항과 나무토막의 폭은 일정하므로 총알이 각 나무토막의 저항을 뚫는 힘도 일정하다. 그렇다면 총알의 운동에너지도 일정하게 감소한다. 운동에너지 정의에 따라 총알이 각 나무토막을 뚫을 때의 속도 제곱의 감소량도 일정하다. 이에 따라 위 문제에서 총알은 똑같은 나무토막을 하나만 더 꿰뚫고 지나갈 수 있고 세 번째 나무토막의 $\frac{7}{9}$ 지점에서 멈추게 될 것이다. 다 같이 한번 계산해보자.

판상주환과 검발노장
고사성어에서 배우는 에너지 지식

고사성어 중에는 물리학 이치가 담긴 것도 있다. 예를 들어 '판상주환版上走丸'과 '검발노장劍拔弩張'이 그러하다. 이 두 고사성어 에는 어떤 물리학 지식이 담겨 있을까?

판상주환

'판상주환'에서 '판상版上'은 기울어진 비탈을 뜻하고 '환丸'은 작은 공, 진흙 공을 뜻한다. 판상주환은 공이 비탈을 굴러간다는 뜻으로 일이 급진전되거나 순조롭게 진행되는 것을 표현하는 말이다. 물리학적 측면에서, 판상주환은 중력퍼텐셜에너지의 운동에너지로의 전환을 보여준다.

높이 들어 올려진 드롭해머는 중력퍼텐셜에너지를 갖는다. 높이가 높을수록 중력퍼텐셜에너지의 크기도 크며, 낙하할 때

높이 들어 올려진 물체가 가지는 에너지를 '중력퍼텐셜에너지'라고 하며, 이는 역학적 에너지 중 하나다. 중력퍼텐셜에너지는 상대성을 가진다. 어떤 물체의 중력퍼텐셜에너지를 알려면 먼저 퍼텐셜에너지의 기준면, 즉 퍼텐셜에너지가 0인 곳을 정해야 한다. 지면을 기준면으로 삼을 경우, 물체의 중력퍼텐셜에너지는 $E_p = mgh$로 표시할 수 있고 단위는 줄(J)이다. 퍼텐셜에너지는 물체가 각기 다른 위치에서 서로 다른 에너지를 가짐을 보여준다. 이는 물체의 위치와 상관이 있으므로 '위치에너지'라고도 부른다. 물체는 항상 자발적으로 중력퍼텐셜에너지가 큰 위치에서 중력퍼텐셜에너지가 작은 위치로 이동한다. 이 때문에 높은 곳에 있는 물체가 늘 다시 지면으로 떨어지는 것이다.

의 운동에너지도 크다. 수력발전소가 더 많은 전기를 만들어내려면 더 많은 물을 저장해 수위를 최대한 높여야 한다. 다시 말해 물의 중력퍼텐셜에너지를 최대한으로 키워야 한다. 물체의 중력퍼텐셜에너지가 매우 크다면 낙하할 때 굉장히 큰 살상력을 갖게 된다.

전국 시기 제나라의 뛰어난 군사가 손빈은 마릉대전에서 지형을 이용해 자신의 물리적 재능을 한껏 뽐냈다. 이 전투에서 손빈은 상투적인 수법으로 적들을 깊은 협곡으로 유인했다. 그는 위나라 군대가 지나갈 길목에 군사들을 매복시키고 돌덩이를 가득 쌓아뒀다. 그런 다음, 위나라 군대가 협곡 깊숙이 들어오자 계곡 위쪽에서 일제히 돌덩이를 굴렸다. 결과는 당연히 위나라 군의 대패였다. 이 전투로 정예군 10만을 잃은 위나라는 국력이

크게 쇠해 결국 멸망하고 만다. 여기에서 '판상주환'은 위군을
패망으로 밀어 넣는 데 큰 역할을 했다.

검발노장

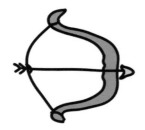

'검발노장'은 '검은 뽑았고 활은 당긴
상태'라는 뜻으로 일촉즉발의 긴박한
상황을 표현하는 말이다. 궁술은 유구
한 역사를 자랑한다. 이 고사성어에서
'노장弩張'이라는 말은 크게 휜 활은 에너
지를 가지고 있어 화살을 먼 곳까지 날려 보낼 수 있음을 뜻한
다. 물리학에서는 이런 에너지를 '탄성퍼텐셜에너지'라고 한다.

트램펄린이나 스포츠경기에서 쓰이는 구름판, 다이빙에 쓰이
는 스프링보드 등은 모두 탄성퍼텐셜에너지의 운동에너지로의
전환을 이용한 것이다.

지식 카드

탄성변형이 발생한 물체의 각 부분 사이에 탄성력의 상호작용이 존재해
퍼텐셜에너지를 갖는 것을 '탄성퍼텐셜에너지'라고 한다. 물체의 탄성변
형이 클수록 그 물체가 가진 탄성퍼텐셜에너지도 커진다. 스프링의 탄성
퍼텐셜에너지는 $E_\mathrm{p} = \frac{1}{2}kx^2$으로 표시할 수 있는데, 여기에서 k는 스프링
의 탄성 계수이고 x는 스프링의 변형 길이를 뜻한다. 탄성퍼텐셜에너지
와 중력퍼텐셜에너지를 통칭해 '퍼텐셜에너지'라고 한다.

영구기관 제작이 불가능한 이유
에너지 보존의 법칙

불가사의한 광경이 담긴 이 명화를 본 적이 있는가? 이 그림은 네덜란드 화가 에셔Maurits Cornelis Escher가 말년에 완성한 〈폭포Waterfall〉인데 기묘한 구도로 큰 찬사를 받은 작품이다.

화면 중앙에서 쏟아져 내리는 폭포는 수차를 돌린 다음, 다시 수로를 따라 한 층씩 흘러 올라가 폭포가 쏟아지는 곳으로 향하는데… 잠깐! 어떻게 물이 다시 폭포 위로 올라가는 거지? 이미 쏟아져 내린 폭포가 다시 흘러 올라가 또 쏟아져 내리는 '순환 폭포'가 된다고? 어떻게 이

163

런 일이! 그런데 그림을 자세히 들여다보면 문제를 발견할 수 있다. 바로 폭포가 평면 위에서 흐른다는 점이다. 하지만 폭포는 분명히 떨어져 내려 아래쪽에 있는 수차를 돌리고 있는데? 사실 순환 폭포는 그림 속 허상으로 착시현상을 일으킨다. 일견 합리적으로 보이지만 실제로는 불가능한 장면이다.

그림 속 폭포와 수차가 구성하는 시스템은 외부의 힘이 에너지를 제공하지 않아도 끊임없이 움직이는 '영구기관'이다. 16세기 후반, 유럽을 중심으로 영구기관에 대한 연구 열기가 후끈 달아올랐다. 그러나 안타깝게도 모든 연구가 실패로 끝났다. 그래서 일부 물리학자는 이 그림을 두고 '가장 아름다운 영구기관 풍자화'라고 부른다.

수백 년 전, 그러니까 대규모 공업 생산 기술이 발달하기 전, 인류는 하천 위에 설치한 수차나 사람의 힘으로 움직이는 돌절구를 이용해 밀을 빻아 가루로 만들었다. 그러다 보니 이런 생각을 하는 사람도 있었다. '수차로 끌어올린 물로 다시 수차를 움직이면 굳이 강물이 없어도 수차를 계속 돌릴 수 있지 않을까?' 그렇게 되면 스스로 동력원(물)을 제공하고 계속해서 움직일 수 있는 '꿈'의 장치(수차)가 탄생하게 된다. 독일의 한 기술자는 17세기 사람들이 연구 제작한 '영구기관 수차'에 관한 내용을 책에 소개했다.

이 수차는 톱니바퀴로 움직이는 맷돌을 만들어 곡류를 빻는 동시에 양수 장치를 움직여 다시금 물을 높은 곳으로 올려보낸다. 그러면 높은 곳으로 올려진 물은 다시 수차를 가동시켜, 결국 끊임없이 순환하게 되므로 수차는 스스로 움직일 수 있게 된다. 물론 이 설계도 실현 가능성이 없음이 증명되었다. 이러한 영구기관은 그저 끊임없이 움직이기만 하는 기계가 아니라 계속해서 외부로 에너지를 전송해야 하는데, 이는 '에너지 보존의 법칙'에 위배되기 때문에 물리학적으로 불가능하다.

그동안 수많은 사람이 영구기관 제작에 매달렸으나 늘 성과 없이 끝났다. 어떤 기관이든 에너지의 완전한 전환을 실현하지 못했고 많든 적든 에너지 손실이 발생했기 때문이다. 조금이라도 에너지가 손실된다면 영구기관으로 명명할 수 없다.

지식 카드

에너지는 갑자기 생겨나지도 않고 또 갑자기 사라지지도 않는다. 어떠한 형식에서 다른 형식으로 전환되거나 어떤 물체에서 다른 물체로 전이되기만 하며, 이 과정에서 에너지의 총량은 불변한다. 이를 '에너지 보존의 법칙'이라고 부르는데 이는 자연계의 기본 법칙 중 하나다.

'영구기관'은 인류의 희망사항일 뿐, 이미 실현 불가능한 것으로 확정된 주제다. 인류의 소망과 상관없이, 인정 여부에 상관없이, 이 꿈은 이미 깨졌다. 1775년, 프랑스 과학원Académie des Sciences은 결의를 통해 영구기관에 관한 논문 제출을 영원히 거절한다고 공표했다. 미국특허청^{United States Patent and Trademark Office}도 영구기관에 대한 특허증 발급을 금지했다. 특허청은 영구기관 제작은 불가능하며, 설령 마찰 저항의 영향 없이 초기 운동이 무한히 지속되게 만들었다 하더라도 다른 물체와 작용할 수 없으므로 그 영구적인 운동이 영구기관을 만든 목적과는 상관이 없다고 설명했다.

영구기관은 결코 실현할 수 없는 꿈이었지만 수많은 과학자, 기술자가 이 '꿈'을 이룰 수 있다는 '꿈'을 꾸며 영구기관 제작에 인생을 바쳤다. 이탈리아의 레오나르도 다빈치도 쇠구슬 영구기관이라고 불린 장치를 고안한 적이 있을 정도였다. 하지만 이후 레오나르도 다빈치는 영구기관이 실현 불가능한 것임을 깨닫고 당시 기술자들에게 더는 영구기관을 만드는 데 도구와 시간, 재능과 정력을 낭비하지 말 것을 권했다. 영구기관은 '결코 실현될 수 없기' 때문이었다.

레오나르도 다빈치의 쇠구슬 영구기관 개요도

완충 현상 속 물리학 원리
운동량 정리와 그 응용

농구는 재미와 볼거리를 겸비해 많은 사람이 좋아하는 스포츠다. 농구는 슛이 다가 아니다. 리바운드, 드리블, 패스 등이 모두 경기를 좌우하는 중요한 요소다. 어떤 NBA 스타플레이어가 남긴 "공은 언제나 사람보다 빠르다!"라는 유명한 말이 있다. 패스는 공이 코트 전 영역을 누비게 하는 가장 좋은 방식으로 팀의 공격력을 최대한 끌어올릴 수 있다. 두 손을 가슴 앞에 두고 공을 캐치할 때 한 가지 요령이 있다. 두 손으로 공의 양옆 뒤쪽을 잡는데, 손가락을 자연스럽게 벌려 엄지손가

락이 팔ʌ자를 그리게 만들고 양 팔꿈치는 굽힌 채로 아래로 늘어뜨려 공을 가슴 앞에 오게 한다. 패스할 때는 팔과 다리를 쭉 뻗고 손바닥은 바깥쪽, 엄지손가락은 아래쪽을 향하게 한다. 그리고 공을 캐치할 때는 팔을 뻗어 날아오는 공을 잡아 뒤로 빼면서 충격을 줄이고 두 팔을 자연스럽게 굽히면서 두 손은 공을 따라 빠르게 가슴 앞으로 모은다.

농구를 많이 해본 사람은 잘 알 텐데, 잘못된 패스 또는 캐치 동작은 부상을 부른다. 그렇다면 왜 공을 캐치할 때는 '팔을 굽혀 뒤로 빼면서 충격을 완화해야' 할까? 이제부터 그 이유를 알아보자.

어떤 작용 과정에 대해, 물체의 운동량 변화가 일정한 상황에서는 작용 시간을 변화시켜 힘의 크기를 조절할 수 있다. 작용 시간을 줄이면 작용력이 커지고, 작용 시간을 늘리면 작용력이 작아진다. 이른바 '완충'이 된다. 두 가지 방식으로 공을 패스하고 캐치할 때 손이 받는 힘의 크기를 정량 비교해보자.

농구공의 질량이 0.6kg이고 농구공이 날아오는 속도가 10m/s이며 공을 캐치하는 사람이 공을 잡았을 때 공의 속도가 0이 된다고 가정한다. 만약 캐치 동작을 완료하는 데 걸리는 시간이 0.05s라면 운동량 법칙에 따라 손과 공 사이의 작용력 크기는 120N이 된다. 이 값은 질량이 12kg인 물체가 받는 중력과 같다. 만약 똑같은 공을 받을 때 팔꿈치를 굽혀 충격을 줄인다면, 캐치 동작을 완료하는 데 걸리는 시간은 0.5s로 늘어난다. 이때 손가락과 공 사이의 작용력 크기는 12N으로 전자에 비해 작용력이 $\frac{1}{10}$로 줄어든다. 이것만 보아도 완충을 했을 경우 힘이 줄어든다는 사실을 분명히 알 수 있다. 프로 운동선수는 균형 잡힌 영양소를 충분히 섭취하고 지속적으로 훈련하는 것 외에 부상을 조심해야 한다. 그런 면에서 물리학 원리는 운동선수를 보호하는 데 큰 역할을 한다.

일상생활 속에서 운동량 원리로 설명할 수 있는 완충 현상은 숱하게 많다. 시멘트 바닥에 떨어진 유리컵은 산산조각이 나지만 보드라운 모래밭에 떨어진 컵은 멀쩡하다. 전용 포장 용기에 담긴 달걀은 잘 깨지지 않는다. 카레이서가 쓰는 헬멧은 완충 소재가 채워져 있어 머리를 안전하게 보호해준다. 부둣가나 선박 바깥쪽에 고정된 낡은 타이어는 배가 정박을 위해 부둣가에 다가갈 때 발생할 수 있는 충격을 완화해준다.

'배 위에 얹은 석판 깨기'가 가능한 이유

차력 묘기 중에 바닥에 누운 사람의 배 위에 넓적한 돌(대개 반듯한 직사각형 모양)을 올려놓고 커다란 망치로 힘껏 내리쳐 깨뜨리는 묘기가 있다. 그런데 신기하게도 바닥에 누운 사람은 아무 탈 없이 멀쩡하다. 이 묘기를 구경하는 관객들은 석판 밑에 깔린 사람이 무탈할 것을 알면서도 불가사의한 광경에 입을 다물지 못한다. 석판 밑에 깔린 사람이 어떻게 무사할 수 있었을까? 그 까닭을 알아보자(단, 절대 따라 하지 말 것!).

살살해!

'배 위에 얹은 석판 깨기'가 가능한 이유를 물리학 측면에서 분석하면 두 가지 중요한 조건을 찾아낼 수 있다. 이를 위해서는 연기자가 사전에 '특별'한 준비를 해야 한다.

첫 번째, 망치로 석판을 내리칠 때, 바닥에 누운 사람의 배가 받는 총압력이 너무 커서는 안 되며 사람이 감당할 수 있는 범위 안에 있어야 한다. 망치로 석판을 내리치기 전, 사람의 배가 받는 압력은 돌의 중력과 같다. 묘기가 성공하려면 망치로 돌을 내리칠 때, 바닥에 누운 사람의 배가 받는 부가 압력이 너무 커서는 안 된다. 망치머리의 질량이 m, 속도가 v, 망치머리가 석판을 내리친 뒤, $\triangle t$시간을 거친 뒤에 속도가 0이 된다고 해보자. 운동량 정리와 뉴턴의 제3법칙에 따라 석판이 받는 압력을 구하면, $F = \dfrac{mv}{\triangle t} + mg$가 된다. $\triangle t$가 매우 작기 때문에 F가 상당히 크다. 한편 내리치는 면적이 작아 발생하는 압력(단위면적당 가해지는 힘)이 크기 때문에 석판을 부술 수 있다. 만약 석판이 t시간을 거쳐 속도가 0으로 감소한다면, 마찬가지로 석판 아래 누운 사람이 받는 부가 압력의 크기, $\triangle F = \dfrac{mv}{t} + \dfrac{mg\triangle t}{t}$도 구할 수 있다.

사람의 복부는 부드러운 편이고 복부와 석판 사이에 두꺼운 수건 따위의 완충재가 깔려 있기 때문에 시간 t가 충분히 길어 사람이 받는 부가 압력이 그다지 크지 않으므로 어느 정도 훈련을 받았다면 이 정도 압력은 견뎌낼 수 있다. 배로 받는 총압력을 줄이기 위해 연기자는 특별한 준비를 해야 한다. 즉, 석판은 총중력이 너무 크지 않도록 특수 제작된 것이어야 한다. 또 연기자의 복부와 석판 사이에 깔 완충재를 준비해야 한다. 망치를 내리치는 사람은 망치머리로 가슴 위쪽이 아닌 복부 위쪽에 있는 석판을 내리쳐야 한다(복부는 흉부보다 작용 시간이 더 길다).

두 번째, 사람의 배에 가해지는 압력의 면적을 최대화해 단위면적당 가해지는 힘의 크기를 줄여야 한다. 힘을 받는 면적이 클수록 석판의 중량에 더해지는 망치를 내리칠 때의 부가 압력이 더 골고루 분산된다. 즉, 단위면적당 힘의 크기가 작을수록 사람은 더 안전해진다. 이를 위해 연기자는 최대한 석판을 상반신에 가깝게 붙여야 한다. 석판 아래 수건을 대는 것에는 이런 이유도 있다.

위의 예에서 알 수 있듯이 힘의 작용 효과는 작용 공간(작용 거리, 작용 면적 등)뿐만 아니라 작용 시간과도 관련이 있다. 건축노동자가 벽에 못을 박을 때는 쇠망치를 사용하면서 타일이나 나무 바닥을 깔 때는 고무망치를 사용하는 것도 힘의 작용 효과에 대한 시간 및 공간 요소를 종합적으로 고려했기 때문이다. 이 밖에 자동차 안전벨트와 에어백도 교통사고가 발생했을 때 완충 작용을 해 생명을 보호하는 역할을 한다.

멈추지 않는 뉴턴의 진자

운동량 보존의 법칙

'뉴턴의 진자Newton's pendulum'라는 것이 있다. 같은 질량의 쇠구슬 5~6개를 끈을 이용해 서로 딱 붙여 나란히 매달아 놓은 장치다. 가장 오른쪽에 있는 쇠구슬 한 개를 들었다 놓으면 나란히

붙어있는 나머지 구슬 중 가장 왼쪽에 있는 쇠구슬이 반대쪽으로 튀어 나가는데, 이때 움직이는 것은 가장 왼쪽에 있는 쇠구슬 하나다. 가장 오른쪽에 있는 쇠구슬 두 개를 들었다 놓으면 나란히 붙어있는 나머지 구슬 중 가장 왼쪽에 있는 쇠구슬 두 개가 동시에 튀어 나간다. 그다

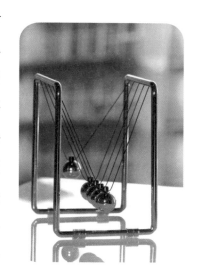

음은 자연스럽게 연상이 가능하다. 오른쪽에 있는 쇠구슬 세 개를 동시에 들었다 놓으면 나란히 붙어있는 나머지 구슬 중 왼쪽에 있는 쇠구슬 세 개가 튀어 나간다. 오른쪽에 있는 쇠구슬 네 개를 동시에 들었다 놓으면 나란히 붙어있는 나머지 구슬 중 왼쪽에 있는 쇠구슬 네 개가 튀어 나간다.

물론 반대로 해도 똑같은 결과가 나온다. 가장 왼쪽에 있는 쇠구슬을 들었다 놓으면 나란히 붙어있는 나머지 구슬 중 가장 오른쪽에 있는 쇠구슬이 튀어 나간다. 가장 왼쪽에 있는 쇠구슬 두 개를 동시에 들었다 놓으면 나란히 붙어있는 나머지 구슬 중 가장 오른쪽에 있는 쇠구슬 두 개가 튀어 나간다. 더 많은 구슬을 연이어 놓아도 이 법칙은 그대로 적용된다. 그렇다면 여기에서 한 가지 결론을 얻을 수 있다. '동시에 튀어 나간 쇠구슬의 개수는 항상 부딪쳐온 쇠구슬의 개수와 같다.' 나란히 매달아 놓은 쇠구슬의 수가 많아질수록 이 과정이 더 흥미로워지기 때문에 한번 보기 시작하면 시간 가는 줄 모르고 보게 된다.

사실 뉴턴의 진자는 물리학에서 중요한 충돌 모형으로 '뉴턴의 요람Newton's cradle'이라고도 한다. 하지만 이름만 뉴턴의 진자일 뿐, 실제로 뉴턴이 발명한 것은 아니고 프랑스의 물리학자 에듬 마리오트Edme Mariotte가 1676년에 제안한 것이다. 이 장치가 보여주는 기본 법칙인 운동량 보존의 법칙이 뉴턴의 법칙에서 추론한 것이기에 뉴턴의 진자라고 불리게 되었다. 이제부터 뉴턴의 진자와 관련된 물리학 지식을 알아보자.

충돌 과정에서 작용 시간이 매우 짧기 때문에 물체 사이의 내력이 외력보다 훨씬 커서 계의 총운동량은 보존된다. 내력이라 함은, 힘을 가하는 물체가 계의 내부에 속함을 뜻한다. 힘을 가하는 물체가 계의 외부에 속하면 이에 상응하는 힘을 외력이라 한다. 내력과 외력은 절대적이지 않고 선택한 계에 따라 구분된다.

충돌 과정에서의 운동에너지 손실 상황에 따라 충돌은 다음 세 가지 경우로 나눌 수 있다.

하나, 충돌 과정에서 운동에너지의 손실이 없는 경우는 탄성 충돌이다. 둘, 충돌 과정에서 운동에너지의 손실이 있는 경우는 비탄성 충돌이다. 셋, 충돌 과정에서 운동에너지의 손실이 최대인 경우는 완전 비탄성 충돌이다.

질량과 크기가 완전히 똑같은 쇠구슬 두 개의 매끄러운 수평면상에서 발생하는 탄성 충돌을 예로 들어 간단히 분석해보자. 쇠구슬 A와 B의 질량은 모두 m이고 충돌 전 운동 속도는 각각

v_{10}, v_{20}, 충돌 후 속도는 각각 v_1, v_2라고 하면, 탄성 충돌로 운동량과 운동에너지가 보존되므로 $mv_{10}+mv_{20}=mv_1+mv_2$, $\frac{1}{2}mv_{10}^2$ $+\frac{1}{2}mv_{20}^2=\frac{1}{2}mv_1^2+\frac{1}{2}mv_2^2$이다.

앞의 두 보존 방정식을 연립하면 다음의 결론을 얻을 수 있다. '질량이 같은 두 물체의 탄성 충돌이 발생할 경우, 두 물체는 속도를 교환한다. 즉, $v_1=v_{20}$, $v_2=v_{10}$이다.' (주 : 앞의 두 방정식에는 두 개의 해가 있는데 그중 하나인 $v_1=v_{10}$, $v_2=v_{10}$은 충돌이 발생하지 않은 것과 같으므로 실질적인 의미가 없어 버리기로 한다.)

다시 처음으로 돌아가 뉴턴의 진자의 충돌 과정을 살펴보자. 가장 오른쪽에 있는 쇠구슬이 아래로 흔들리면서 얻은 운동량을 충돌을 통해 왼쪽에 나란히 매달린 쇠구슬에 전달하면, 운동량은 중간에 나란히 매달린 쇠구슬을 지나 왼쪽으로 전달된다. 이는 뉴턴의 진자에 매달린 구슬들의 질량이 모두 똑같기 때문이다. 두 구슬은 부딪칠 때 서로 속도를 교환하는데, 이때 운동하는 구슬의 운동량이 정지해 있는 구슬로 완전히 옮겨가 교대로 운동하는 현상이 나타난다.

실제 운동 상황을 구체적으로 분석해보자. 쇠구슬은 충돌 과정에서 압력파(압력파의 개수는 충돌하는 구슬의 개수와 상관이 있음)를 발생시키는데, 운동하는 구슬의 운동량이 충돌하는 순간에 파동의 형식으로 중간에 있는 구슬들을 거쳐 전달된다. 그런데 마지막에 있는 구슬은 파동을 전달할 대상이 없기 때문에 공중으로 튀어 나가게 되지만, 중력이 작용해 다시 되돌아오게 되고 이 과정을 반복해서 진행하게 된다. 일부 스포츠 경기에서 질량이 동일한 두 개의 물체가 충돌하면서 속도를 교환하는 현상을 관찰할 수 있다. 예를 들어 컬링 경기와 당구 경기에서의 충돌이 그러하다(단, '중심충돌'이어야 한다. 즉, 충돌 전후에 두 물체의 속도가 동일한 작용선 상에 있어야 한다).

반동 현상 분석

문어는 해양 무척추동물 중 가장 똑똑한 방어 전문가다. 문어가 빠르게 전진하는 원리는 무엇일까? 위험이 닥치면 문어는 적에게 먹물을 내뿜어 시야를 가리는 한편, 물을 체강으로 흡입한 다음, 있는 힘껏 물을 가압했다가 내뿜음으로써 반대 방향으로는 추진력을 얻어 빠르게 위기에서 벗어난다. 문어는 물을 내뿜는 방향을 바꿔 원하는 방향으로 움직일 수 있다. 이런 운동에는 어떤 물리학 원리가 숨어 있을까?

같은 원리로 움직이는 해파리와 문어

이처럼 일부 물질을 분리함으로써 나머지 부분의 속도를 얻는 것을 '반동 운동'이라고 한다. 반동 운동에서는 작용 시간이 짧아 물체 내부의 상호 작용력이 커서(내력이 외력보다 훨씬 크다고 볼 수 있음) 계의 총운동량이 보존된다. 다시 말해 운동량 보존의 법칙에 따라, 정지한 물체가 내력의 작용하에 두 부분으로 나뉘어 그중 어느 한 부분이 특정 방향으로 운동하면 나머지 한 부분은 반드시 그 반대 방향으로 운동한다. 이것이 바로 '반동 현상'이다.

반동은 일상생활과 과학기술 분야에서 광범위하게 응용된다. 우리 주변에서, 또는 영화나 드라마에서 볼 수 있는 것 중, 분사된 액체나 기체를 동력(또는 일부 동력)으로 하는 장치는 모두 반동의 원리를 응용했다. 360도 회전하며 자동으로 잔디에 물을 뿌리는 스프링클러도 반동의 원리를 이용해 물 뿌리는 방향을 바꾼다. 포탄이 포신에서 발사될 때, 반동력으로 인해 뒤로 밀려난다. 이 때문에 포차를 단단히 고정시켜야 하며 무기를 설계할 때도 반드시 이 점을 고려해야 한다. 자동 장전 권총도 반동의 원리를 이용했다. 탄환 발사 시의 반동으로 총열이 후퇴하며 슬라이드가 물러나고 자동으로 탄창을 재장전한다. 또 과다한 반동력은 설계된 구멍으로부터 탄피가 탄창에서 빠져나가게 만든다. 따라서 권총에 탄창을 꽂은 다음에 처음 총알을 발사할 때만 수동으로 장전하고 그다음부터는 총알이 알아서 제자리를 찾아가도록 내버려 두면 된다.

　제트기의 추진력은 제트 엔진에서 나온다. 제트 엔진 속의 연료가 연소되면서 기체가 발생하는데 이 기체가 뒤쪽으로 빠르게 분사되면서 반동을 일으킨다. 이로 인해 제트기는 강력한 추진력을 얻어 엄청난 속도로 전진하게 된다. 로켓이 하늘로 날아오르고 불꽃이 뒤로 발사되는 원리도 이와 비슷하다. 로켓 연료가 화학반응을 일으켜 기류가 뒤로 분출되면 그 반동으로 로켓은 추진력을 얻게 된다.

　오늘날 액체 연료 로켓의 분사 속도는 2,000~4,000m/s다. 로켓 추진제가 연소될 때, 후미에서 분사되는 기체는 엄청난 에너지를 가진다. 운동량 보존 법칙에 따라, 로켓도 기체 운동량과 크기는 같되, 방향은 반대인 운동량을 얻어 하늘로 날아오르게 된다.

주콥스키 회전의자와 헬리콥터
각운동량 보존의 법칙

회전 가능한 수직축을 사용해 자유롭게 돌아가게 만든 의자는 흥미로운 현상을 보여줄 수 있다. 먼저 한 사람이 회전의자에 앉아 안전벨트를 맨 다음, 두 손에 아령을 들고 두 팔을 쭉 편 상태로 다른 사람에게 회전의자를 돌려달라고 한다. 회전의자가 돌아가기 시작했을 때 의자에 앉은 사람이 두 팔을 오므리면 사람과 회전의자의 속도가 눈에 띄게 빨라진다. 이때 다시 두 팔을 활짝 펴면 회전 속도가 느려진다. 왜 그런 걸까?

이 회전의자를 '주콥스키 회전의자'라고 부른다. 공기동역학과 유체동역학의 선구자였던 니콜라이 예고로비치 주콥스키 Nikolay Yegorovich Zhukovsky를 기념하기 위해 붙인 이름이다. 주콥스키 회전의자 실험은 물리학의 주요 법칙 중 하나인 '각운동량 보존의 법칙'을 보여준다.

　주콥스키 회전의자 실험에서, 사람의 두 팔은 수직축에 대해 외력토크를 발생시키지 않으니 회전축의 마찰은 무시한다. 예를 들어 감쇠모멘트$^{Damping\ moment}$도 무시한다. 그러면 회전축을 도는 외력 모멘트가 0이므로 계의 각운동량은 보존돼야 한다. 그래서 사람과 회전의자의 회전 속도가 팔의 수축과 신장에 따라 변한다. 사람이 두 팔을 오므리면 관성모멘트가 감소하므로

당연히 각속도가 증대되고 반대의 경우도 마찬가지다. 피겨스케이팅 선수가 연기를 펼칠 때, 먼저 두 팔을 활짝 펴서

발끝의 수직회전축을 기준으로 상대적으로 작은 각속도로 회전한다. 그런 다음, 재빨리 두 팔과 다리를 몸통 쪽으로 붙이면 갑자기 회전 속도가 빨라져 더 빨리 돌게 된다. 이것도 각운동량 보존의 법칙 때문이다. 사람의 관성모멘트가 작아지면 각속도는 필연적으로 증대된다.

전쟁영화의 교본격인 〈블랙 호크 다운〉에서 블랙 호크 헬리콥터가 추락하는 장면은 엄청난 충격을 안겨줬다. RPG에 테일 로터를 피격당한 블랙 호크는 먼저 동체가 흔들리며 한쪽으로 기울어지다가 테일 로터가 떨어져 나가자 공중에서 빠르게 회전하며 통제 불능 상태에 빠진다. 조종사의 연이은 고함 속에서 결국 '블랙 호크'는 처참하게 추락하고 만다. 어째서 테일 로터를 잃은 헬리콥터는 빠르게 회전하다가 결국 추락하게 된 걸까? 사실 그 장면을 유심히 보면 헬리콥터 테일 로터가 피격당한 뒤, 동체가 회전하는 방향과 동체 메인 로터가 회전하는 방향이 서로 반대라는 점이 눈에 들어온다. 이는 각운동량 보존 법칙 때문이다. 영화를 자세히 보면 알겠지만, 모든 단일 로터 헬리콥터는 테일 로터를 가지고 있다. 헬리콥터는 메인 로터가 발생시키는 양력으로 비행한다. 로터가 회전할 때 공기에 토크(물체를 회전시키는 특수한 모멘트)를 주면 공기는 크기는 같고 방향이 반대인 반토크를 로터에 작용시키고 다시 로터를 통해 이 반토크를 헬리콥터 동체에 전달한다.

이는 헬리콥터 동체를 로터 회전 방향과 반대 방향으로 회전시키므로 테일 로터가 메인 로터와 반대 방향으로 회전해 동체가 회전하려는 힘을 상쇄시킨다. 테일 로터 블레이드의 피치Pitch를 조정해서 헬리콥터의 좌우 방향 움직임을 조절할 수 있다. 테일 로터에 이상이 생기면 기체는 빙글빙글 돌며 통제력을 상실하게 된다. 전투 중, 헬리콥터 테일 로터가 손상돼 추락할 확률이 다른 부분을 피격당해 추락할 확률보다 훨씬 높다.

현대 물리학의 기본적인 보존 3법칙

모 브랜드 생수 광고 문구가 떠오른다. '우리는 물을 생산하지 않는다. 그저 대자연을 옮길 뿐이다.' 광고라는 사실을 떠나서 보면, 이 문구는 자연 그대로의, 객관적이고 보존적인 사고를 보여준다.

'보존'은 매우 중요한 개념이다. 앞서 '에너지 보존 법칙, 운동량 보존 법칙, 각운동량 보존 법칙'을 소개했는데 이 세 가지 법칙은 현대 물리학의 기본적인 보존 3법칙이다. 이 세 법칙의 공통점은 어떤 물리 과정이 일정한 조건을 만족하면 어떤 물리량이 이 과정에서 변하지 않고 유지된다는 점이다. 이 특성은 과정의 사소한 사항들을 고려할 필요 없이 처음과 마지막 상태에 상응하는 물리량에 대해 어떤 결론적인 판단을 내릴 수 있도록 해준다. 이것이 보존 법칙의 중요한 이점이다. 보존 3법칙은 모두 뉴턴의 운동 법칙에서 도출할 수 있다. 근대 물리가 발전하면서 뉴턴의 운동 법칙이 적용되지 않는 물리 현상에서도 이 3법칙이 여전히 성립됨이 증명됐다. 이는 보존 3법칙이 자연계에서 보다 보편적이고 본질적인 기초를 가지고 있음을 보여준다. 즉, 시간 과 공간의 대칭성과 연관되어 있다.

보존 법칙은 대칭성의 결과다. 만약 어떤 물리 과정의 발전 결 과가 이 과정이 시작된 시간과 무관하다면, 이 과정은 시간 병진 대칭성$^{Time\ translational\ symmetry}$이 있다고 할 수 있다. 다시 말해 시간 병진 대칭성의 의미는 서로 다른 시간에 발생한 물리 과정이 동 일한 법칙을 따른다는 뜻이다. 예를 들어 어제 뉴턴의 운동 법칙 이 성립되었다면 오늘도 성립되고 내일도 성립되며 시간의 흐 름에 따라 변하지 않는다. 에너지 보존 법칙은 시간 병진 대칭성 의 결과다. 예를 들어 폭포수의 운동에너지를 전기에너지로 전 환시킨다고 하자. 그렇다면 시간과 관계없이 똑같은 물살이 발 생시키는 전기에너지의 양은 똑같다. 이 에너지는 관찰 시간이 달라진다고 변하지 않는다.

만약 어떤 물리 과정의 발전 결과가 이 과정이 발생한 공간과 무관하다면, 이 과정은 공간 병진 대칭성$^{Spatial\ translational\ symmetry}$이 있다고 할 수 있다. 다시 말해 공간 병진 대칭성의 의미는 서로 다른 공간에서 발생한 물리 과정이 동일한 법칙을 따른다는 뜻 이다.

운동량 보존 법칙은 공간 병진 대칭성의 결과다. 같은 이치로, 각운동량 보존 법칙은 공간 회전 대칭성(공간 등방성)의 결과다. 물질 운동의 기본 법칙 중 대칭성과 보존 법칙의 관계에 대한 연구는 그 의미가 중대하다. 둘 사이의 대응 관계는 1918년 독일 수학자 뇌터 $^{Amalie\ Emmy\ Noether}$에 의해 최초로 발견되었기에 '뇌터의 정리'라고 불린다.

이 정리에 따르면, 미분 가능한 계의 작용에 연속적인 대칭성이 있다면, 이에 대응하는 물리량이 보존된다. 사실 그 이전에도 물리학자들은 이미 이러한 사고 패턴을 보였다. '새로운 대칭성을 발견하면 그에 대응하는 보존 법칙을 찾는다. 반대로 어떤 보존 법칙을 발견하면 그에 대응하는 대칭성을 찾는다.' 뇌터의 정리는 물리학에서 '대칭성'의 중요성을 극한으로 끌어올렸다. 그런데도 물리학자들은 만족하지 못한 모양이다. 1926년, 대칭성과 보존 법칙의 관계를 미시 세계로까지 확장시킨 패리티 보존 법칙이 제기됐다.

생각하기

우리가 배우고 익힌 지식 중에는 '지방'이 되고 '근육'이 되는 것도 있고 '척추'가 되는 것도 있다. 그 '척추'가 되는 것이 바로 방법과 생각에 관한 지식이다. 여러 대칭성과 물리량 보존 법칙의 대응 관계를 알았다면 대칭성 원리가 왜 중요한지도 이해했을 것이다. 대칭성이 없는 세계는 생각조차 할 수 없다. 물리 법칙조차 시시때때로 변한다면 얼마나 혼란스럽고 당혹스럽겠는가!

이번 장을 다 읽었다면 다음 문제들을 풀어보면서 물리학의 세계에 빠져보자.

Task 1 주변을 관찰하고 자료를 찾아보면서 일상생활에서 볼 수 있는 단순 기계를 알아보자.

일상생활에서 볼 수 있는 단순 기계에는 어떤 것이 있을까? 각기 어떤 역할을 할까? 좀 더 수월하게 일하기 위해, 다양한 단순 기계를 어떻게 골라 사용해야 할까?

Task 2 롤러코스터에 숨겨진 역학 지식

바람을 가르며 질주하는 롤러코스터는 중독성 있는 아찔한 쾌감을 선사한다. 롤러코스터는 모험의 짜릿함을 느끼게 해줄 뿐만 아니라 역학 법칙까지 알려준다. 사실 롤러코스터에는 수많은 물리학 원리가 내포되어 있다. 롤러코스터 설계자들은 이 놀이기구에 여러 물리학 법칙들을 영리하게 응용했다.

(Tip : 처음에 롤러코스터는 기계 장치의 추력으로 가장 높은 지점까지 올라가지만 첫 번째 하강을 마친 뒤부터는 어떠한 장치도 롤러코스터에 동력을 제공하지 않는다. 이때부터 롤러코스터가 궤도를 따라 움

직이게 만드는 '엔진'은 중력퍼텐셜에너지다. 즉, 중력퍼텐셜에너지가 운동에너지로 전환되고, 다시 운동에너지가 중력퍼텐셜에너지로 전환되는 과정이 끊임없이 반복된다.

이 에너지의 전환 과정에서 롤러코스터 바퀴와 궤도의 마찰로 열이 발생하기 때문에 소량의 역학적 에너지가 손실된다. 이 때문에 뒤쪽의 오르막은 맨 처음의 오르막보다 높이가 낮다. 즉, 롤러코스터가 앞서 올라갔던 오르막만큼 높은 지점까지 올라가기에는 역학적 에너지가 부족하다. 가장 짜릿한 경험을 하려면 롤러코스터의 마지막 칸에 타야 한다. 롤러코스터의 꼬리 칸에 앉으면 더 강렬한 하강감을 느낄 수 있기 때문이다. 꼬리 칸이 최고점을 지날 때의 속도는 머리 칸보다 빠르다. 이는 인력이 롤러코스터의 가운데에 있는 질량 중심에 작용하기 때문이다.)

"꺄악-!" 물리학 법칙을 분석할 정신이 어디 있어!

Task 3 고사성어나 속담에 담긴 물리학 원리를 알아보자.

예를 들어 '가시방석에 앉은 것 같다'는 말에는 단위면적당 가해지는 힘에 관한 원리가 내포되어 있다. 압력이 일정할 때, 힘을 받는 면적이 작을수록 단위면적당 가해지는 힘이 크다. '작은 저울이 천근을 견딘다'는 말에는 지레의 원리가 내포되어 있다. 물리학 지식으로 설명할 수 있는 고사성어나 속담을 찾아보자.

Task 4 실험-벽돌 쌓기

똑같은 모양의 벽돌 5장을 찾아 탁자 위에 쌓는다(나무토막 또는 직육면체 모양의 다른 물체도 가능). 위에서 내려다봤을 때 가장 위쪽에 있는 벽돌이 맨 아래쪽에 있는 벽돌 밑면과 완전히 겹치면 안 된다. 또한 모든 벽돌은 세로 방향으로 놓아야 하며 가로, 세로 방향으로 교차하게 놓으면 안 된다. 이제 벽돌 5장을 얼마나 빨리 쌓을 수 있는지 실험해보자.

어떤 사람이 먼저 첫 번째 벽돌을 탁자 위에 내려놓았다. 그리고 두 번째 벽돌을 내려놓을 때는 최대한 바깥쪽으로 빼기 위해 벽돌 길이의 $\frac{1}{2}$이 밖으로 나가게 내려놓았다. 그런데 세 번째 벽돌을 어떻게 놓아야 할지 난감해졌다. 세 번째 벽돌은 잘해봐야 두 번째 벽돌과 맞춰서 놓을 수밖에 없다. 조금만 밖으로 더 나가도 벽돌은 무너질 것이다. 두 번째 벽돌을 안쪽으로 좀 당길까? 아니면 세 번째 벽돌을 좀 더 안쪽으로 놓을까? 안쪽으로 얼마나 당겨 놓는 것이 좋을까? 자, 이제 머리를 굴릴 시간이다.

(Tip : 첫 번째 벽돌과 두 번째 벽돌을 놓을 때는 대부분 별 고민 없이 두 번째 벽돌이 밖으로 1/2 정도 나가도록 놓을 것이다. 이는 아래쪽 벽돌 대비 위쪽 벽돌이 밖으로 나갈 수 있는 최대치다. 문제는 세 번째 벽돌이다. 앞서 말한 방법으로는 문제를 해결할 수 없다.

그럼 여기에서 생각을 전환해보자. 일단 첫 번째와 두 번째 벽돌을 A 라는 벽돌 하나로 치고 세 번째 벽돌을 어떻게 처리할지 생각해보자. 그러면 벽돌 3장을 놓는 문제가 순식간에 벽돌 2장을 놓는 문제로 바뀐다. 그런데 벽돌 2장이라고? 뭔가 익숙한 기분이다. 세 번째 벽돌을 벽돌 A 아래 놓는데 벽돌 A가 밖으로 $\dfrac{1}{2}$ 을 나갔을 때의 중심이 세 번째 벽돌의 측선 상에 있다고 생각해보자. 이때 두 번째 벽돌도 첫 번째 벽돌에 대해 상대적으로 최대한 밖으로 빠져나간 지점에 위치하기 때문에 이때 가장 위쪽에 있는 벽돌은 가장 아래쪽에 있는 벽돌에 대해 최대한 밖으로 빠져나간 지점에 위치하게 된다. 다시 첫 번째, 두 번째, 세 번째 벽돌을 벽돌 한 개로 보고 네 번째 벽돌을 앞서 서술한 것과 같이 맨 아래쪽에 놓는다. 이렇게 하면 맨 위쪽 벽돌을 위에서 내려다보았을 때, 맨 아래쪽 벽돌의 밑면과 겹치지 않는다. 종이를 준비해 위에서 설명한 벽돌 쌓기 그림을 그려보라. 지렛대 원리로 중심의 위치를 찾은 다음에 벽돌을 쌓아도 된다.)

1. 일

물체에 작용하는 힘의 크기가 F이고 이 물체가 힘의 방향을 따라 움직인 거리(변위)가 l이면, F와 l의 곱을 F의 일이라고 한다. 일의 두 가지 필수 요소는 작용한 힘과 힘의 방향에서 발생한 변위다. 물체에 해준 일을 공식으로 표현하면 $W = Fl\cos\alpha$다. 이 중 α는 F와 l의 끼인각이다. 일의 단위는 줄이며 $1J = 1N \cdot m$이다. 일은 스칼라양이지만 양과 음의 구분이 있다. 힘을 가하는 방향과 물체가 움직이는 방향이 같으면 물체에 양의 일^{Positive work}을 해준 것이고, 힘을 가하는 방향과 물체가 움직이는 방향이 반대이면 음의 일^{Negative work}을 해준 것이다. 어떤 힘이 물체에 대해 음의 일을 해준 것은 대개 물체가 이 힘을 극복하는 일을 했다고 말한다(절댓값을 취함).

2. 일률

단위 시간 동안 한 일의 양을 '일률'이라고 한다. 일률의 물리적 의의는 일의 속도를 표현하는 데 있다. 일률이 크다면 힘이 물체에 대해 한 일의 속도가 빠른 것이고 일률이 작다면 힘이 물체에 대해 한 일의 속도가 느린 것이다. 일률도 스칼라양이라서 크기만 있고 방향은 없다. 일률의 단위는 와트이며 $1W=1J/s$다. 기계의 일률은 정격 출력과 실제 출력, 이 두 가지로 나뉜다. 정격 출력은 일반적으로 기계의 명판에 표기되어 있는데 기계가 정상적으로 작업할 때의 최대 출력 파워를 의미한다. 실제 출력은 기계가 실제로 작업을 할 때 출력되는 파워를 의미하는데 정격 출력보다 작거나 같다. 어떤 기계를 사용하더라도 일을 덜 할 수는 없지만(일의 원리) 일률을 바꿀 수는 있다.

3. 운동에너지와 운동에너지 정리

물체가 운동으로 인해 갖게 되는 에너지를 '운동에너지'라고 한다. 운동에너지 공식은 $E_k = \frac{1}{2}mv^2$이고 단위는 줄(J)이며 $1J = 1N \cdot m = 1kg \cdot m^2/s^2$이다. 운동에너지는 스칼라양으로 방향이 없으며 항상 양수이다.

운동에너지 정리란, 어떤 과정에서 외력의 총합이 물체에 대해 한 일은 이 과정에서 물체의 운동에너지의 변화와 같다는 것이다. 이를 공식으로 표현하면 $W = \frac{1}{2}mv_2^2 - \frac{1}{2}mv_1^2$이다. 이 정리는 직선운동에도 적용되고 곡선운동에도 적용된다. 또한 힘이 일정한 일에도 적용되고 힘이 변하는 일에도 적용된다.

4. 중력퍼텐셜에너지와 탄성퍼텐셜에너지

높이 들어 올려진 물체가 가지는 에너지를 중력퍼텐셜에너지라고 하며 $E_p=mgh$로 표시한다. 중력퍼텐셜에너지의 크기는 상대적이며 퍼텐셜에너지의 기준면에 따라 달라진다. 그러나 중력퍼텐셜에너지의 변화량은 절대적이며 기준면의 선택과 무관하다. 중력이 물체에 대해 양의 일을 하면 중력퍼텐셜에너지는 감소하고, 중력이 물체에 대해 음의 일을 하면 중력퍼텐셜에너지는 증가한다. 즉, 중력이 물체에 대해 한 일은 물체의 중력퍼텐셜에너지의 감소량과 같다(음일 수도 있고 양일 수도 있음).

탄성변형이 발생한 물체가 갖는 에너지를 '탄성퍼텐셜에너지'라고 한다. 스프링의 탄성퍼텐셜에너지의 크기는 탄성변형량 및 스프링 탄성 계수와 관련이 있다. 스프링의 탄성변형이 클수록, 탄성 계수가 클수록, 그 물체가 가진 탄성퍼텐셜에너지도 커진다. 즉, $E_p=\dfrac{1}{2}kx^2$이다.

5. 역학적 에너지 보존 법칙과 에너지 보존 법칙

운동에너지, 탄성퍼텐셜에너지, 중력퍼텐셜에너지를 모두 합쳐 역학적 에너지라고 부른다. 물체에 작용하는 힘이 보존력(중력, 만유인력, 탄성력 등)뿐일 때, 물체의 운동 상태가 변하면 물체가 가지고 있는 역학적 에너지는 전환되지만, 그 물체의 총 역학적 에너지의 양은 일정하게 보존된다. 이것이 역학적 에너지 보존의 법칙이다.

일을 하는 과정은 반드시 에너지의 전환을 동반한다. 일은 에
너지의 변화량을 말한다. 얼마만큼의 일을 했다는 것은 얼마만
큼의 에너지가 전환되었다는 뜻이다. 에너지는 갑자기 생겨나
지도 않고 또 갑자기 사라지지도 않는다. 에너지는 어떠한 형식
에서 다른 형식으로 전환되거나 어떤 물체에서 다른 물체로 전
이되기만 하며 이 과정에서 에너지의 총량은 불변한다. 이것이
에너지 보존의 법칙이다.

6. 운동량과 운동량 정리

물체의 질량과 속도의 곱을 '운동량'이라고 한다. 즉, $p=mv$이
며 단위는 kg·m/s다. 운동량은 물체의 운동 상태를 나타내는 물
리량으로 벡터량이고 그 방향은 속도의 방향과 같다. 힘과 그 힘
의 작용 시간의 곱을 '충격량(I)'이라고 한다. 즉, $I=F·t$다. 충격
량은 벡터량이며 그 방향은 물체에 작용한 힘의 방향과 같고 단
위는 N·s다. 운동량의 정리란, 어떤 과정의 시작부터 끝까지 물
체의 운동량의 변화량은 이 과정에서 물체가 받은 충격량과 같
다는 것이다. 즉, $p'-p=I$다.

7. 운동량 보존 법칙과 각운동량 보존 법칙

계가 외력을 받지 않거나 외력의 합이 0인 경우, 이 계의 총운

동량은 변하지 않고 그대로 유지된다. 이를 '운동량 보존의 법칙'이라고 한다.

계가 외력토크의 작용을 받지 않거나 외력 모멘트의 합이 0이면 이 계의 각운동량은 보존된다. 이를 '각운동량 보존의 법칙'이라고 한다. 인지적 측면에서 보면 보존의 법칙은 대칭성의 결과다.(뇌터의 정리)

눈이 내릴 때는 안 추운데 오히려 눈이 녹을 때 더 춥다고 느끼는 것은
모두 융해 현상이 열을 흡수한다는 것을 보여준다.
노련한 농사꾼이 겨울철에 채소를 저장한 땅굴에 물통을 같이 놓아
채소가 어는 것을 방지하는 것은 모두 응고가 열을 방출한다는 사실을 증명한다.

열현상은 물체가 뜨겁거나 차가운 정도(온도)와 관련이 있는 현상이에요. 뜨겁거나 차가운 느낌은 누구나 알 테지만 온도를 정의하고 측정하고 비교하려면 어떻게 해야 할까요?

얼핏 보면 단순한 문제 같지만 사실 대답하기 쉽지 않아요. 바로 이 질문이 '열역학 제0법칙'과 관련돼 있기 때문이에요.

우리가 사는 세상은 물질로 이루어져 있답니다. 물질을 구성하는 분자는 몇 개나 될까요? 흔히 볼 수 있는 물질 상태에는 어떤 것이 있을까요? 열역학의 대표적인 법칙들은 어떤 이치를 담고 있을까요? 이번 장에서는 이런 문제들에 대해 알아보려고 해요. 또 비열의 개념과 그와 관련된 현상, 그리고 내연기관의 작동 원리에 대해서도 같이 알아봅니다.

핵심 내용

- 온도
- 확산 현상과 브라운 운동
- 열역학 4대 법칙
- 연소기관, 내연기관
- 분자운동론
- 물질의 상태와 상태 변화
- 비열

지구에서 가장 추운 곳은 얼마나 추울까?

온도

    남극은 지구상에서 가장 추운 곳 중 하나다. 남극에 위치한 콘코르디아 연구소^{Concordia research station}는 세계에서 가장 외진 곳에 있는 과학기지일 것이다. 콘코르디아 연구소는 프랑스와 이탈리아가 2005년에 공동으로 설립한 과학 연구기지다. 가장 외진

곳에 있다고 한 이유는, 우리 머리 위로 400km 이상 떨어진 곳에 위치한 국제 우주 정거장도 이곳보다는 인류가 생활하는 지역과 더 가깝기 때문이다.

콘코르디아 연구소로 물자를 운송하는 과정은 매우 험난하다. 대부분의 물자를 다른 과학기지로 먼저 운송한 다음에 다시 콘코르디아 연구소로 운반해야 한다. 남극 연해에서 하역한 물자를 이곳까지 운반하려면 기상 상황이 좋을 때에도 7일씩 걸리기도 한다. 여기는 모든 땅이 눈으로 뒤덮여 있고, 평균 온도가 약 -60℃이며 몇 달 동안 햇빛을 보지 못하는 때도 있다. 그렇다면 이곳의 날씨는 도대체 얼마나 추운 걸까? 연구자 한 명이 스파게티 그릇을 든 채로 밖으로 나가자마자 포크가 공중에서 얼어버렸다. 보온팩 안에 들어있던 달걀을 꺼내 깨뜨리려고 하는데 반쯤 깨진 상태로 얼어버렸다. 끓는 물을 뿌리면 바닥에 닿기도 전에 얼음이 되어 후두둑 떨어진다.

몹시 추운 광경을 말로 묘사해보았는데, 과학 연구 분야에서는 단순히 말로 설명해서는 안 된다. 물체의 뜨겁고 차가운 정도를 정확하게 나타낼 수 있는 '온도'가 필요하다. 그렇다면 온도는 어떻게 뜨겁고 차가운 정도를 측정할 수 있는 걸까? 이는 사람들이 온도계를 이용해 온도의 수치에 대해 구체적으로 규정했기 때문이다.

섭씨온도 외에 비교적 많이 쓰이는 것으로 화씨온도가 있다.

화씨온도의 기호는 ℉이다. 섭씨온도와 화씨온도의 전환관계식은 다음과 같다.

$$t_F = \frac{9}{5}t_C + 32$$

$$t_C = \frac{5}{9}(t_F - 32)$$

과학 연구 분야에서는 열역학온도를 많이 사용하는데 단위는 '켈빈'이고 부호는 'K'이다. 열역학온도는 '절대온도'라고도 불린다. 열역학온도계는 -273.15℃를 영점으로 규정한다. 우주에서 가장 낮은 온도가 바로 이 온도이기 때문에 0K(즉, -273.15℃)를 '절대영도'라고 부른다. 열역학온도계 눈금법은 섭씨온도계와 같다. 열역학온도계상의 차이가 1K일 때, 섭씨온도계상의 차이도 1℃이다. 그러므로 열역학온도와 섭씨온도의 전환관계식은 $T = t + 273.15℃$이다. 'T'는 열역학온도(절대온도)이고 't'는 섭씨온도이다.

온도계 '경쟁' 역사

화씨온도계는 독일의 파렌하이트^{Gabriel Daniel Fahrenheit}가 처음 제안했다. 파렌하이트는 기압계의 수은주 높이가 온도의 변화에 따라 달라지는 것을 발견하고 이를 바탕으로 첫 번째 유리수은온도계를 만들었고 1714년에는 화씨온도계를 발명했다. 파렌하이트는 북아일랜드의 겨울철 가장 낮은 온도를 0도로 정하고 자기 아내의 체온을 100도로 정해 이 두 온도에 대응하는 수은주 높이 사이의 거리를 100등분 해 각 눈금을 1도로 표시했다.

이것이 바로 최초의 화씨온도계다. 그런데 얼핏 들어도 뭔가 부정확할 것 같은 느낌이 든다. 사람의 체온은 하루 사이에도 오락가락하는 법인데 그 와중에 파렌하이트의 아내가 감기라도 걸려 열이 오른 상태였다면 어떻게 해야 할까? 그래서 파렌하이트는 얼음, 물, 소금과 비슷한 염화암모늄의 혼합물이 어는 온도를 0℉, 순수한 물의 어는점을 32℉, 표준대기압에서 물의 끓는점을 212℉로 두고 32℉와 212℉ 사이를 180등분 한 눈금을 표

시했다. 이것이 바로 오늘날의 화씨온도계이고 화씨온도계가 만들어진 뒤에 화씨온도라는 개념이 생겼다.

화씨온도계가 등장한 것과 동시에 프랑스 물리학자 르네 레오뮈르^{René Antoine Ferchault de Réaumur}가 또 다른 온도계를 만들어냈다. 레오뮈르는 수은의 팽

창 계수가 너무 작아 물질의 온도를 재는 데 적합하지 않다고 생각했다. 그래서 물질의 온도를 재는 데 알맞은 알코올의 장점을 연구했는데 반복적인 실험 끝에 $\frac{1}{5}$부피를 물로 채운 알코올은 물이 어는점과 끓는점 사이에서 1000부피단위에서 1080부피단위로 부피가 증가한다는 사실을 알아냈다. 이를 바탕으로 레오뮈르는 물의 어는점과 끓는점 사이를 80등분했다. 이것이 열씨온도다.

1742년, 스웨덴 천문학자 셀시우스Anders Celsius는 수은주의 길이가 온도에 따라 선형 변화한다는 사실을 인정하고 수은을 온도측정물질로 이용하여 우리가 익히 알고 있는 섭씨온도계를 발명했다.

온도계 종류는 매우 다양했기 때문에 사용하는 데 적잖은 혼란을 겪어야 했다. 이 같은 상황을 끝내기 위해 영국의 물리학자 윌리엄 톰슨(훗날 수많은 과학적 업적을 인정받아 켈빈 남작의 작위를 얻음)은 1848년 열역학온도계를 제안했다. 열역학온도계는 온도를 측정하는 물질의 어떠한 물리적 성질에도 의존하지 않기 때문에 가장 기본적인 과학적 온도계가 되었다.

물 1g을 세는 데 걸리는 시간

분자운동론

전 세계 사람들이 동시에 물 1g 속에 들어있는 분자의 수를 세기 시작했다. 시간당 5,000개씩 셀 수 있고 잠시도 쉬지 않고 계속해서 수를 센다고 가정했을 때, 물 1g 속에 들어있는 분자를 다 세는 데 얼마나 걸릴까? 10년? 안타깝지만 어림도 없다. 그럼 100년? 역시 불가능하다. 그럼 1000년이면 세고도 남겠지 (비록 그때까지 살아있는 사람은 아무도 없겠지만)? 그것도 안 된다고? 도대체 물 1g 속에 들어있는 분자가 얼마나 많은 거야! 분자론에 관해 알아보면 그 답을 알 수 있을 것이다.

분자는 물질을 구성하는 기본 입자의 이름이다. 대다수 물질은 분자로 구성되어 있고 분자는 원자로 구성되어 있다. 분자로 이루어진 물질에서 분자는 그 물질의 화학적 성질을 유지하는 최소 단위다. 어떤 물질은 아예 원자로 이루어지기도 한다. 이

204

경우에는 원자가 물질의 화학적 성질을 유지하는 최소 단위가 된다. '분자운동론'에서는 이런 분자와 원자를 통틀어 '분자'라고 부른다.

공간적인 측면에서 보든, 질량 차원에서 보든, 분자는 그 크기가 가장 작다. 만약 분자를 공으로 본다면 지름의 자릿수는 10^{-10}m, 질량의 자릿수는 10^{-26}kg이 된다. 이렇게 작은 분자를 맨눈으로 관찰하는 것은 말도 안 되는 일이고 광학현미경을 사용해도 분자의 모습을 관찰할 수 없다. 그래서 우리 눈에 보이는 물체에 들어있는 분자의 개수는 상상을 초월할 만큼 많다. 이는 '물질량'으로 표현한다.

> **지식 카드**
>
> 물질량은 일정한 수의 입자를 포함한 집합체를 나타내며 기호는 n이다. 입자에는 원자, 분자, 이온 등이 있다. 물질양의 기본 단위는 몰이고 기호는 mol이다. SI 단위에서 1mol은 $6.02214076 \times 10^{23}$개 입자를 포함한 물질의 양이다.

이 괴상한 숫자는 어디서 나온 것일까? 사실 이 숫자에는 아보가드로수$^{\text{Avogadro's number}}(N_A)$라는 이름이 있다. 이탈리아 화학자 아보가드로$^{\text{A. Avogadro}}$의 이름을 딴 것으로 단위는 mol^{-1}이고 계산할 때는 $6.02 \times 10^{23}\text{mol}^{-1}$을 쓰면 된다. 아보가드로수는 질량수가 12인 탄소 원자(^{12}C) 12g 속에 들어있는 원자 수이다. ^{12}C는 탄소의 동위원소로 양성자와 중성자 수가 모두 6개인데, 이를 기준으로 삼은 이유는 ^{12}C의 실제 질량을 상당히 정확하게 측정할 수 있기 때문이다.

또한 ^{12}C 원자 질량의 $\frac{1}{12}$을 이 원자에 대한 다른 원자의 상대적인 질량으로 정의했으며 이를 '원자량'이라고도 부른다. 앞서 말했듯이 kg이나 g을 단위로 한다면 원자는 질량값이 너무 작은 탓에 계산이 어렵지만 원자량을 사용하면 계산이 훨씬 간단해진다.

물질량은 물질에 포함된 입자수(N)와 아보가드로수의 비로 $n=N/N_A$이다. 물질 1mol의 질량을 몰질량이라고 하고 기호 M으로 표시하며 실제 SI 단위는 kg/mol이지만 일반적으로는 g/mol을 사용한다. 국제단위계 단위를 이렇게 정한 이유는 몰질량이 수치상으로 물질의 분자량과 같아지도록 하기 위함이다. 즉, 분자를 구성하는 원자들의 원자량의 합이 분자량이다. 따라서 분자량만 알면 물질량을 계산하기가 쉬워진다. 이는 물질의 질량과 그에 대응하는 몰질량의 비, 즉 $n=N/N_A$와 같은데 여기에 다시 아보가드로수를 곱하면 물질에 포함된 입자의 수를 알 수 있다. 아보가드로수는 미시세계와 거시세계를 연결하는 다리로, 알면 알수록 신기한 숫자이지만 지면의 한계로 여기에서는 따로 다루지 않는다. 관심이 있다면 아보가드로수가 만들어진 배경과 측정 방법을 알아보는 것도 유익할 것이다.

자, 드디어 물 1g에 들어있는 분자가 몇 개인지 계산할 수 있게 되었다.

물 분자 1개에는 산소원자 1개와 수소원자 2개가 들어있으며 이들의 원자량은 각각 16과 1이다. 따라서 물의 분자량은 18, 즉 물의 몰질량은 18g이다. 그러므로 물 1g의 물질량은 $\frac{1}{18}$ mol이며, 아보가드로수 $6.02 \times 10^{23} \text{mol}^{-1}$를 곱하면 물 1g에 포함된 분자의 수를 알 수 있다. 전 세계 인구가 70억 명이라고 하면, 여기에 한 사람당 한 시간에 셀 수 있는 양인 5,000개를 곱하고 다시 24시간과 365일을 곱하면 1년 동안 셀 수 있는 수가 나온다. 마지막으로 물 1g의 분자 수를 매년 셀 수 있는 수로 나누면 전 세계 사람들이 물 1g의 개수를 셀 때 걸리는 시간은 108,719년이 된다. 그러므로 물 1g의 개수를 세려면 10만 년으로도 부족한 셈이다. 미세입자가 얼마나 '미세'한지 감이 올 것이다.

언젠간 다 세겠지……

분자운동론

연구에 따르면 물질을 이루는 최소 미립자는 끊임없이 불규칙한 운동을 한다. 분자 불규칙 운동의 빠르기는 온도와 관련이 있다. 온도가 높을수록 분자운동은 격렬해지므로 물체 내부의 수많은 분자의 불규칙 운동을 '열운동'이라고 한다. 분자운동론은 물질의 열운동 성질과 규칙을 연구하는 대표적인 미시 통계 이론이다.

지식 카드

분자운동론의 기본 내용은 다음과 같다.
• 물체는 수많은 분자로 이루어져 있다.
• 분자는 끊임없이 불규칙 운동을 한다.
• 분자 사이에는 상호작용하는 인력(끌어당기는 힘)과 척력(밀어내는 힘)
  이 동시에 존재한다.

물질을 구성하는 분자 사이에는 상호작용하는 인력과 척력이 동시에 존재한다. 분자의 인력이 존재하기 때문에 고체와 액체는 일정한 부피를 유지할 수 있다. 양 끝이 매끄러운 납기둥 두 개를 평면에 딱 붙여놓고 한꺼번에 압축하면 무거운 물질을 걸 수 있게 된다. 다시 말해 분자 사이에는 인력이 존재한다.

이와 반대로 고체와 액체 분자 사이에는 틈이 존재하지만 분자의 척력으로 인해 압축하기가 어렵다. 인력과 척력은 분자 간

거리가 멀어질수록 작아지고 분자 간 거리가 가까워질수록 커지지만 척력이 인력보다 더 빨리 변한다. 인력과 척력이 같을 경우의 분자 거리를 분자 간 평형 거리라고 하며, r_0(자릿수는 10^{-10}m)으로 표시한다. 실제 분자 거리 $r<r_0$일 때, $F_{인}<F_{척}$이며 분자력 F는 척력으로 나타난다. 반면 $r>r_0$일 때, $F_{인}>F_{척}$이며 분자력 F는 인력으로 나타난다. $r>10r_0$일 때, $F_{인}$과 $F_{척}$은 빠르게 줄어들어 분자력 $F=0$이라고 볼 수 있다.

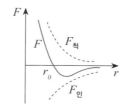

확산 현상과 브라운 운동

분자가 끊임없이 불규칙 운동을 한다는 사실을 직간접적으로 반영한 두 가지 사례로 '확산 현상'과 '브라운 운동'이 있다.

'확산'은 서로 다른 물질이 상호 접촉할 때 상대방 안으로 들어가는 현상을 가리킨다. 확산 현상은 고체, 액체, 기체 안에서 모두 발생할 수 있다. 석탄을 담 모퉁이에 놓아두면 시간이 흐르면서 담 안쪽도 검게 변한다. 석탄 분자가 담 안쪽으로 스며들기 때문이다. 깨끗한 물에 빨간색 잉크를 몇 방울 떨어뜨리면 잠시 뒤 물이 온통 빨갛게 변한다. 서로 다른 기체(예를 들어 산소와 이

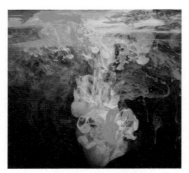
컬러 잉크가 물속에서 확산되는 과정은 매우 아름답지만 결국에는 서로 균일하게 섞여 검은 액체로 변한다.

산화질소)를 담은 두 개의 용기를 서로 연결하면 일정 시간이 흐른 뒤 두 기체는 균일하게 섞인 상태가 된다. 꽃향기가 퍼지는 것도 확산 현상 때문이다. 확산 현상은 분자의 불규칙 운동을 직접적으로 설명함과 동시에 분자 간 틈이 존재함을 보여준다. 그래서 물과 알코올이 충분히 섞인 다음에는 총 부피가 약간 줄어들게 된다.

1827년, 영국의 의사이자 식물학자였던 브라운은 현미경으로 미생물의 활동 특징을 관찰하다가 물속에 떠 있는 꽃가루 입자도 끊임없이 운동한다는 사실을 발견했다. 처음에 브라운은 꽃가루가 생명이 있는 독립적인 개체인 까닭에 물속에서 '이리저리 옮겨 다닌다'고 생각했다. 브라운은 물을 알코올로 바꾸고, 꽃가루를 여러 번에 걸쳐 바짝 말리는 방식으로 '죽이려고' 했다. 그러나 액체 속에서 꽃가루 입자는 여전히 끊임없이 운동했고 다른 무기물 소립자로 바꿔도 '끊임없이 운동하는 성질'은 바뀌지 않았다. 브라운은 입자의 운동 궤적을 기록했는데 방향성이라고는 찾아볼 수 없는 불규칙한 움직임이었다. 게다가 온도가 높아질수록 운동은 더욱 격렬해졌다. 이는 결코 생명체의 운동 방식이 아니었다.

1828년, 브라운은 꽃가루 입자의 운동에 관한 논문을 발표했다. 거듭 관찰한 결과, 이 운동이 유체 운동으로 인한 것도 아니고 액체가 점차 증발해서 발생한 일도 아니며 꽃가루 입자 자체의 운동이라고 확신하게 되었다. 훗날 이런 미세입자의 불규칙한 운동은 '브라운 운동'이라고 불리게 되었다. 브라운 운동이 발견되고 50년이 지나도록 과학자들은 이 운동이 가진 큰 의미를 깨닫지 못했다.

그러다가 1905년, 아인슈타인이 동역학 평형 측면에서 입자의 액체 속 확산 방정식을 제시하면서 유체, 심지어 고체 속 미세입자의 운동 규칙을 설명했다. '액체 속 꽃가루 입자의 브라운 운동 과정은 개별 물 분자의 집합 작용의 결과이다. 다시 말해 브라운 운동은 사실 꽃가루 입자가 무수히 많은 물 분자와 불규칙한 충돌에 의해 발생한다.' 브라운 운동은 사실 간접적으로 분자열운동 현상을 설명하며 분자의 존재도 증명했다.

에취! 꽃가루가 내 콧속에서 브라운 운동을 하나 봐! 에취-!

고드름에서 피어오르는 김과 끓는 물에서 피어오르는
김은 같을까?

물질의 상태 변화

물질의 상태

물질의 3가지 상태는 '고체, 액체, 기체'이다. 그렇다면 하늘
위에 떠 있는 구름은 이 중에서 어떤 상태에 속할까? 구름은 지
구의 물순환 과정에서 생겨난다. 태양빛의 에너지가 지표면의

물을 증발시키면 수증기가 형성된다. 수증기는 위로 상승해 대기층에 들어가서 점차 포화 상태에 이른다. 수증기 함량이 계속 커지면 물 분자는 공기 중의 미세먼지 주위에 모여 작은 물방울이나 얼음결정을 형성한다. 공중에 떠 있는 수많은 물방울과 얼음결정은 태양빛을 여러 방향으로 반사시키거나 굴절시킨다.

구름은 이렇게 해서 우리 눈에 보이는 형태를 갖추게 된다. 따라서 구름은 물의 고체 형태와 액체 형태가 동시에 존재하는 혼합체이다. 구름을 이루는 작은 물방울이나 얼음결정은 안개처럼 크기가 너무 작아 맨눈으로는 개별 입자를 확인할 수 없다.

고체는 일정한 형태와 부피를 가지며 열팽창과 냉수축 특성이 있다. 고체는 결정성 고체와 비결정성 고체로 나뉜다. 액체가 되는 녹는점이 일정한 것은 결정성 고체로 얼음, 소금, 각종 금속이 이에 속한다. 반면 녹는점이 일정하지 않은 것은 비결정성 고체이며 왁스, 송진, 유리, 아스팔트 등이 이에 해당한다.

액체는 정해진 형상이 없고 부피를 압축하기 어렵다. 액체 내부는 각 방향으로 단위면적당 힘을 가하는데 이 압력은 액체의 종류, 깊이에 따라 다르다. 액체 표면에는 표면장력이 존재해 일상생활 속에서 관찰할 수 있는 특수한 현상들을 만들어낸다. 예를 들어 가는 관에서 일어나는 모세관 현상, 비누 거품 현상, 액체와 고체 사이의 침윤과 비침윤 현상 등은 모두 표면장력으로 인한 현상이다.

수은의 비침윤 현상

기체는 액체와 마찬가지로 유체다. 기체는 액체나 고체와 달리 분자 사이의 간격이 매우 커 압축이 가능하다. 용기나 역장 Force field의 제한이 없는 경우, 기체는 확산할 수 있으며 부피 또한 제한을 받지 않는다. 기체의 성질을 연구할 때, 종종 '이상 기체' 모형을 이용하는데, 이상기체는 분자의 부피가 0이고 분자간 상호작용이 없다고 가정한 기체로, 기체의 내부에너지는 모든 분자의 평균 운동에너지의 합과 같다. 일정한 질량의 이상 기체는 이상기체 상태방정식을 따른다. 즉, 압력과 부피를 곱한 값은 열역학 온도(절대온도)에 비례한다.

물질의 상태 변화

여름철에는 차가운 빙과류를 찾게 된다. 그런데 빙과를 먹을 때 혹시 그 주위에 하얀 김이 피어오르는 것을 본 적이 있는가? 이 하얀 김의 정체는 무엇 일까? 잘 생각해보면 이는 일 상에서 흔히 관찰할 수 있는 현 상이다. 엄동설한에는 숨을 내  쉴 때마다 하얀 김을 관찰할 수 있다. 또 물을 끓이면 주전자 주 둥이에서 하얀 김이 마구 치솟는다. 여름철에 냉장고 문을 열 때 도 하얀 김이 밖으로 퍼져 나온다. 그렇다면 빙과 주변에 모락모 락 피어오르는 하얀 김과 주전자 주둥이에서 뿜어져 나오는 하 얀 김은 같은 것일까?

수증기가 찬 기운을 만나면 기체 상태에서 액체 상태로 변하 게 된다. 이 '하얀 김'은 모두 작은 물방울로 이루어져 있고 이 현상들은 모두 물질 상태 변화 중의 '액화'에 해당한다. 물질이 어떤 상태로 존재하는지는 그 물체의 온도와 관련이 있다. 일정 한 조건에서 물질이 어떠한 상태에서 다른 상태로 변하는 과정 을 '물질의 상태 변화'라고 한다. 물질의 상태 변화는 열의 전이 를 동반한다. 고체, 액체, 기체 사이의 물질 상태 변화는 '융해, 응고, 기화, 액화, 승화' 이 다섯 가지로 나뉜다.

융해와 응고

물질이 고체 상태에서 액체 상태로 변하는 것을 '융해'라고 하 고, 액체 상태에서 고체 상태로 변하는 것을 '응고'라고 한다. 얼

음이나 눈이 녹거나 촛농이 흘러내리는 것 등은 용해 현상이고 겨울철에 물이 얼어 얼음이 되거나 공장에서 쇳물이 굳어 각종 부품이 되는 것은 응고 현상이다.

용해와 응고는 상호 가역적이다. 물질이 용해될 때는 열을 흡수하고 응고될 때는 열을 방출한다. 수산시장에서 해산물의 신선도를 유지하기 위해 해산물 아래 얼음 조각을 까는 것이나 인두를 주석에 갖다 대면 주석이 녹아 액체 상태가 되는 것, 눈이 내릴 때는 안 추운데 오히려 눈이 녹을 때 더 춥다고 느끼는 것은 모두 용해 현상이 열을 흡수한다는 것을 보여준다. 화산 폭발로 분출된 용암이 무시무시한 파괴력을 발휘하는 것, 노련한 농사꾼이 겨울철에 채소를 저장한 땅굴에 물통을 같이 놓아 채소가 어는 것을 방지하는 것, 제강로 곁에서 일하는 작업자가 종종 더위를 먹는 것은 모두 응고가 열을 방출한다는 사실을 증명한다.

기화와 액화

물질이 액체 상태에서 기체 상태로 변하는 것을 '기화'라고 하고, 기체 상태에서 액체 상태로 변하는 것을 '액화'라고 한다.

'기화'는 증발과 끓음(또는 비등)으로 나뉜다. 증발은 어떤 온도에서든 발생할 수 있지만 액체 표면에서만 발생하는 느린 기화 현상을 가리킨다. 액체의 증발 속도는 액체의 온도, 액체 표면적 크기, 액체 표면 공기 유동 속도와 관련이 있다. 끓음은 일정 온도(끓는점)하에서 액체 표면과 내부에서 동시에 발생하는 극렬한 기화 현상을 가리킨다. 액체가 끓을 때는 온도가 끓는점을 유지한다. 끓는점은 압력과 관련이 있는데 압력이 클수록 끓는점이 높다. 이 원리를 이용한 대표적 예가 압력솥이다. 빨래가 서서히 마르는 것, 날이 개면 도로에 고인 물이 점점 사라지는 것, 물을 계속 끓이면 물이 다 없어져 버리는 것, 신선한 채소와 과일을 오래 놔두면 마르는 것은 모두 기화 현상이다.

　기체를 액화시키려면 온도를 낮추거나 부피를 압축하면 된다. 온도를 낮추면 모든 기체를 액화시킬 수 있고 부피를 압축하면 대부분의 기체를 액화시킬 수 있다. 일상생활 속에서 사용하는 가스는 저장과 운송의 편의를 위해 모두 부피를 압축하는 방식으로 액화한다. 여러 종류의 '하얀 김'이 보이는 것, 여름철 냉장고에서 꺼낸 음료수가 잠시 뒤에 '땀'을 줄줄 흘리는 것, 겨울철에 추운 실외에서 따뜻한 실내로 들어왔을 때 안경에

'김'이 서리는 것, 여름철 새벽에 화초 위로 이슬이 맺히는 것, 겨울철 새벽에 짙은 안개가 끼는 것도 모두 액화 현상이다.

기화와 액화는 상호 가역적이다. 기화는 열을 흡수하고 액화는 열을 방출한다. 더운 날에 물수건으로 얼굴을 닦으면 시원한 느낌이 들고 열이 나는 환자의 손바닥이나 발바닥에 알코올을 바르면 열이 떨어진다. 샤워를 하고 바로 몸을 닦지 않으면 한기가 느껴지는 것도, 땀샘이 없는 개가 혀를 내밀어 체액을 빠르게 증발시키는 것도, 다 기화 현상이 열을 흡수한다는 사실을 보여준다. 물을 끓여 발생시킨 수증기로 음식을 찌는 것, 같은 온도의 수증기에 입은 화상이 끓는 물에 입은 화상보다 더 심각한 것은 액화가 열을 방출함을 보여준다.

냉장고의 냉각 과정은 이러하다. 먼저 액체 상태의 냉매가 밸브 안을 통과할 때 냉동실 구역을 거치면서 빠르게 기화되면서 열을 흡수해 냉동실 온도를 낮춘다. 그 후, 기체 상태의 냉매는 압축기에 의해 응축기로 보내져 액화되고 모세관을 통과하며 흡수한 열을 방출한다. 그래서 냉장고 옆면을 만지면 늘 열이 느껴진다.

로켓이 발사될 때, 뒤로 내뿜어지는 뜨거운 화염은 발사대를 녹여버릴 수 있다. 그래서 발사대를 보호하기 위해 로켓 아래쪽에 거대한 수조를 만들어 화염이 물속으로 분사되게 한다. 그러면 물은 대량의 열을 빠르게 기화시킨다. 수증기가 위로 상승하면서 냉기를 만나면 다시 작은 물방울로 액화된다. 그래서 로켓이 발사되는 순간, 아래쪽으로 거대한 하얀 수증기가 빠르게 확산되는 것이다.

그럼 이 문제를 한번 생각해보자. 겨울철에 물을 끓이면 '하얀 김'이 더 짙어 보이고 여름철에 물을 끓이면 '하얀 김'이 더 적은 듯한 느낌이 든다. 왜 그럴까?

승화

고체 상태에서 기체 상태로 직접 변하는 것을 '기체로의 승화'라고 하고 기체 상태에서 고체 상태로 직접 변하는 것을 '고체로의 승화'라고 한다. 기체로의 승화는 열을 흡수하고 고체로의 승화는 열을 방출한다. 옷장 안에 넣어둔 나프탈렌이 작아지는 것이나 무대에서 드라이아이스(고체 이산화탄소)로 안개 효과를 내는 것, 겨울철에 꽁꽁 언 옷이 서서히 마르는 것은 모두 기체로의 승화 현상이다. 북방지방에서 겨울철에 창문 유리 표면에 얼음꽃이 피는 것이나 상고대, 서리, 눈이 만들어지는 것은 모두 고체로의 승화 현상이다. 사용한 지 오래된 백열전구 안쪽이 까맣게 변하는 것은 사용할 때 텅스텐 필라멘트가 먼저 기체로 승화한 다음, 다시 고체로 승화하면서 전구 유리벽에 달라붙기 때문이다.

드라이아이스에서 피어오르는 하얀 연기

　승화의 흡열 작용을 아이스크림 냉동 상태 유지에 활용할 수
도 있다. 아이스크림을 드라이아이스와 함께 놓으면 아이스크
림이 잘 녹지 않기 때문에 냉동 상태로 먼 곳까지 배송할 수 있
다. 인공강우를 만드는 방법 중 하나가 공중에서 드라이아이스
를 뿌리는 것이다. 드라이아이스가 승화하면서 열에너지를 흡
수해 공기 중의 수증기를 작은 얼음 결정으로 승화시키면 이 얼
음 결정이 떨어지면서 융해돼 빗방울이 된다. 한마디로 인공강
우는 '기체로의 승화, 고체로의 승화, 융해' 이 세 가지 물질 상태
변화를 포함한 과정을 거친다.

열역학 법칙

오늘날 '열'은 두 분야에서 활발하게 응용된다. 하나는 물체를 '가열' 또는 '냉각'하는 분야이고. 다른 하나는 '열'로 일을 해 다른 에너지로 전환시키는 분야이다. 열을 전달하고 일을 하는 과정에서 물체 자체의 에너지도 변하는데 이 모든 과정은 열역학의 기본 법칙을 따른다. 열역학의 가장 기본적인 법칙으로는 열역학 제1법칙, 열역학 제2법칙, 열역학 제3법칙, 그리고 열역학 제0법칙이 있다. 이 법칙들을 발견하고 확립하기까지 수많은 과학자의 무한한 노력과 헌신이 있었다.

열역학 제1법칙
열역학 제1법칙은 가해진 열 및 한 일의 양과 내부에너지 변화의 수량적 관계를 나타낸다. 내부에너지는 물체 안에 있는 모든 분자가 열운동한 에너지의 총량이다. 내부에너지는 물체의 고유한 속성으로 모든 물체는 내부에너지를 가지고 있다. 열을 전달하는 과정에서 이동하는 내부에너지를 '열'이라고 한다. 내부에너지는 물질의 거시적 상태에 따라 정해지는 상태량이고 열은 에너지의 전달 과정이다.

지식 카드

열역학 제1법칙 : 외부에서 물체에 대해 한 일 W에 물체가 외부에서 흡수한 열 Q를 더한 것은 물체 내부에너지의 증가량 ΔU와 같다. 이를 수식으로 표현하면 $\Delta U = Q + W$이다. 이 관계식에서 외부에서 물체에 대해 일을 할 때의 W는 양수이고, 물체가 외력을 극복하기 위해 일을 할 때의 W는 음수이다.
물체가 외부에서 열을 흡수할 때의 Q는 양수이고 물체가 외부로 열을 방출할 때의 Q는 음수이다. ΔU가 양수이면 물체 내부에너지가 증가했음을 의미하고 ΔU가 음수이면 물체 내부에너지가 감소했음을 의미한다.

열역학 제1법칙은 다양한 형식의 에너지가 전달 및 변환되는 과정에서 보존된다는 법칙으로, 본질적으로는 바로 그 유명한 에너지보존법칙이다. 열역학 제1법칙을 좀 더 쉽게 이해할 수 있게 바꾼 표현도 있다.

"열은 어떤 물체에서 다른 물체로 전달될 수도 있고, 역학적 에너지나 다른 형식의 에너지와 상호 전환될 수도 있다. 그러나 이 전환 과정에서 에너지의 총량은 변하지 않는다. "

열역학 제1법칙(에너지 보존과 전환의 법칙)의 확립에 가장 큰 공헌을 한 세 사람으로는 독일의 마이어^{Julius von Mayer}와 헬름홀츠 ^{Hermann von Helmholtz}, 그리고 영국의 줄^{James Prescott Joule}을 꼽을 수 있다. 의사였던 마이어는 원양항해선에서 선의船醫로 일하며 열대 지방에서 생활할 때와 온대 지방에서 생활할 때의 정맥 속 피의 색깔이 다르다는 사실을 발견했다. 그 차이점을 연구한 마이어는 열에너지가 역학적 에너지로 바뀌고, 또 역학적 에너지는 열에너지로 바뀌어 열과 일은 상관성이 있다는 결론을 얻고 열과 일의 비례관계를 나타내는 열의 일당량(열은 역학적 일로 역학적 일은 열로 서로 전환될 수 있으며 서로 전환되는 양은 비례함)을 대략적으로 제시했다.

그러나 시대를 앞서간 천재를 이해하지 못한 사람들은 그의 연구 업적을 무시했고 엎친 데 덮친 격으로 두 자녀가 세상을 떠나고 혁명 활동에 참여한 형제는 감옥에 갇히게 된다. 극심한 정신적 압박을 견디지 못한 마이어는 죽을 결심을 하고 건물에서 뛰어내렸지만 두 다리만 부러지고 목숨은 건진다. 불행은 거기서 끝나지 않았다. 훗날 정신병원으로 보내진 마이어는 그곳에서 고통스러운 시간을 보내야 했다. 그러다 마침내 그의 연구 업적은 세상의 인정을 받는다.

열역학 제1법칙을 포괄적이면서도 정확하게 설명한 사람은 헬름홀츠였다. 1847년, 26살의 헬름홀츠는 자신의 이름을 널리 알린 〈힘의 보존에 관하여On the Conservation of Force〉라는 논문을 발표했다. 이를 통해 그는 에너지 보존의 원리를 확실하게 증명했다.

한편 실험을 통해 이 법칙을 증명한 사람은 줄이었다. 줄은 에너지 전환과 보존의 보편적 개념을 확립하고 열과 일의 상관성을 증명하는 대량의 실험을 했다. 그 결과, 줄은 열과 일의 비례 관계를 증명할 수 있는 정확한 통계 수치를 얻어 열역학 제1법칙을 뒷받침할 실험 근거를 마련했다.

열역학 제2법칙

열역학 제2법칙은 자연계에서 일어나는, 열에너지와 관련된 거시 과정은 모두 방향성을 가진다는 사실을 설명한다. 열역학 제2법칙의 확립에 크게 공헌한 두 인물은 프랑스의 카르노Sadi Carnot와 독일의 클라우시우스Rudolf Clausius이다.

1824년, 프랑스의 엔지니어 사디 카르노는 '카르노의 정리 Carnot's theorem'를 제시했다. 당시는 아직 에너지 개념이 제기되기 전이었고 열을 일종의 물질이라고 보는 열소설Caloric theory이 유행했다. 카르노는 틀린 이론인 열소설을 가지고 자신의 유명한 이론인 '카르노의 정리'(이 정리는 정확히 맞다)를 설명했다. 즉, 고온 열원의 온도 T_H와 저온 열원의 온도 T_C 사이에서 작동하는 모든 열기관의 효율은 $\eta \leq 1 - \dfrac{T_C}{T_H}$이다.(등호(=)는 이상적인 가역 과정에 적용되고 부등호(<)는 비가역적인 과정에 적용됨).

　사실 이 정리는 열역학 제2법칙을 설명하는 또 다른 표현이기도 하다. 즉, 열기관의 효율은 100%에 도달할 수 없다. 1850년, 독일의 과학자 클라우시우스는 열역학 제2법칙을 제시한다. '열은 고온물체에서 저온물체로만 스스로 이동할 수 있고 저온물체에서 고온물체로는 스스로 이동이 불가하다.' 1851년, 영국의 물리학자 켈빈 경도 거의 동시에 열역학 제2법칙을 발견했다. 켈빈 경의 표현을 빌리면, '하나의 열원으로부터 열을 흡수해 이 열을 완전히 일로 바꾸되, 그 외 어떠한 외부의 변화도 일으키지 않을 수는 없다.' 위에서 말한 열역학 제2법칙의 확립 과정을 바탕으로 현재 중고등과정 물리에서는 이 법칙에 대해 두 가지로 서술하고 있다.

지식 카드

열역학 제2법칙의 첫 번째 서술 : 열을 저온 물체에서 고온 물체로 이동시키면서 여타의 변화를 일으키지 않을 수는 없다(클라우시우스가 열전도의 방향성 측면에서 서술한 내용).

열역학 제2법칙의 두 번째 서술 : 하나의 열원으로부터 열을 흡수해 이 열을 완전히 일로 바꾸되, 그 외 어떠한 외부의 변화도 일으키지 않을 수는 없다(켈빈 경이 역학적 에너지와 내부에너지의 전환 과정의 방향성 측면에서 서술한 내용).

우리가 잘못했어. 다시는 영구기관
제작에 매달리지 않을게…

이상의 두 가지 서술은 의미상으로 똑같거나 등가라고 할 수
있다. 열역학 제2법칙이 지니는 중요한 역사적 의의는 '제2종 영
구기관의 제작이 불가능하다'는 사실을 입증했다는 점이다. 제2
종 영구기관은 단 하나의 열원에서 열을 흡수하여 이것을 그대
로 외부에 대한 일로 바꾸는 기계로, 효율이 100%인 열기관이
다. 제2종 영구기관은 에너지 보존법칙(열역학 제1법칙)은 만족하
지만 열역학 제2법칙에 위배된다. 영구기관은 너무도 매력적인
꿈의 기관이었기에 많은 사람이 열역학 제2법칙의 정확성을 의
심하며 제2종 영구기관 제작에 매달렸지만 당연히 모든 시도는
수포로 돌아갔다. 어쩌면 한 가지 법칙을 더 추가해야 할지도 모
르겠다. '열역학 제2법칙은 뒤집을 수 없다!'라고 말이다.

열역학 법칙은 영구기관의 꿈을 완전히 깨부수고 현실적인
열기관 설계의 지침을 마련했으며 동력공업이 옳은 방향으로
나아가도록 이끌었다.

열역학 제3법칙

열역학 제3법칙은 모든 열역학 시스템에 존재하는 극한에 관한 내용이다. 독일의 물리학자 네른스트^{Walter Herrmann Nernst}가 1912년에 제기했기 때문에 '네른스트의 열정리' 또는 '네른스트 가설'이라고도 부른다.

재미있게도 처음에 네른스트가 열역학 제2법칙에서 이 법칙을 유도해냈을 때 아인슈타인은 네른스트의 유도에 문제가 있다면서도 결론은 맞다고 했다. 즉, 네른스트가 발견한 것은 제 2법칙에서 유도될 수 없는, 독립적인 법칙이라는 말이다. 그래서 네른스트가 발견한 이 법칙은 '열역학 제3법칙'이라고 불리게 되었다.

그렇다면 이 법칙을 한번 증명해보자. 만약 절대 영도에 도달할 수 있다면 온도가 T_H인 고온열원과 온도가 $T_C=0$인 저온 열원 사이에서 작동하는 열기관을 만들 수 있다. 카르노가 도출한 공식에 따라 가역적 열기관의 효율은 $\eta = 1 - \dfrac{T_C}{T_H} = 1$이다. 이는 열기관이 고온 열원에서 열을 흡수해 전부 외부에 대한 일로 바꾸고 저온 열원에는 열을 전달하지 않았다는 뜻이다. 다시 말해 온도가 T_H인 하나의 열원에서 열을 흡수해 이를 전부 일로 바꾸면서도 외부에 어떠한 변화도 일으키지 않았다는 말이다. 이는 열역학 제2법칙에 위배된다.

반대로 한번 생각해보자. 열역학 제2법칙이 성립한다면 위에서 든 예는 불가능하다. 즉, 절대 영도에는 도달할 수 없다. 이렇게 해서 제2법칙에서 제3법칙을 얻었는데, 바꿔 말하면 제3법칙은 제2법칙에서 추론한 법칙이라고 볼 수 있다. 그러나 사실 절대 영도는 도달할 수 없는 온도이기 때문에 우리가 결론을 내린 모든 사례는 다 절대 영도 이상의 환경에서 발생한 것이다. 제2법칙이 절대 영도에 대해서도 성립하는지 여부는 알 길이 없다. 따라서 무턱대고 법칙을 절대 영도 상황까지 확대해 적용할 수는 없다. 다시 말해 카르노 정리의 절대 영도에서의 성립 여부는 가정을 해야 한다는 말이다. 제3법칙이 바로 이에 대한 가정이다. 따라서 제3법칙은 제2법칙의 추론이 아니라 독립적인 열역학 법칙으로 봐야 한다.

열역학 제3법칙에 따라 절대 영도에서는 모든 물질의 분자 운동이 완전히 멈춘다. 절대 영도에는 도달할 수 없지만 무한히 근사할 수는 있다. 현재 단열소자$^{\text{Adiabatic demagnetization}}$로는 10^{-10}K의 극저온까지 도달할 수 있지만 우리가 생활하는 세계와 너무 동

떨어진 까닭에 쉽게 상상이 가지 않는다.

열역학 제0법칙

열역학 제1법칙은 세 사람이 발견했고 제2법칙은 두 사람, 제3법칙은 한 사람이 발견했다. 그렇다면 제4법칙을 발견하는 사람은 0명일 테니까 제4법칙은 존재하지 않는다. 하하하! 농담이긴 하지만 실제로도 열역학 제4법칙은 존재하지 않는다. 대신 열역학 제0법칙이 존재한다. 영국의 물리학자 랄프 파울러^{Ralph H. Fowler}가 1931년에 공식적으로 제기한 이 법칙은 열역학 제1법칙과 제2법칙보다 80여 년이나 늦게 나왔고 제3법칙보다 20여 년이나 늦게 나왔다. 그러나 이론 체계상에서 봤을 때, 다른 열역학 법칙들보다 근본적인 법칙이기 때문에 열역학 제0법칙이라고 불리게 되었다. 이 법칙은 열평형에 관한 법칙이다.

지식 카드

> **열역학 제0법칙** : 만약 열역학계의 물체 A와 B가 다른 물체 C와 각각 열평형을 이뤘다면 A와 B도 열평형을 이룬다. 한마디로 열역학 제0법칙의 열평형은 전이성이 있음을 보여준다. 즉, 물체 A, B, C 중, A와 B가 열평형 상태에 있고 B와 C가 열평형 상태에 있으면 A와 C도 열평형 상태에 있다.

열역학 제0법칙은 온도의 정의와 측정법의 이론적 바탕이 되

기 때문에 매우 중요하다. 상호 평형 상태인 계의 온도는 동일하다. 따라서 한 계의 온도는 그와 평형 상태인 다른 계의 온도로 표시할 수 있으며 열평형을 이룬 또 다른 계의 온도로도 표시할 수 있다. 온도계는 이를 근거로 설계되었다. 온도를 측정할 물질, 온도를 측정할 물질이 담긴 용기, 용기 바깥의 공기, 이 세 가지가 열평형 상태를 이루기 때문에 측정 물질의 온도는 기온과 같다.

화염산은 왜 그렇게 뜨거울까?

비열

    《서유기》에 보면, 현장법사와 제자들이 서역으로 불경을 구하러 가는 길에 화염산을 지나며 겪는 이야기가 나온다. 이야기에 등장하는 화염산은 중국 신장^{新疆} 지역에 있는 투루판 분지^{吐魯番盆}^地 북쪽에 위치해 있다. 사막에 접한 화염산은 비가 거의 내리지 않고 일조 시간이 굉장히 길어 여름철에는 끔찍할 정도로 뜨겁다. 낮 최고기온이 50℃가 넘고 지표면 최고 온도는 80℃에 이르기도 해, 모래언덕에서 달걀을 익힐 수 있을 정도로 뜨겁지만 밤이 되면 기온이 20℃로 뚝 떨어진다. 밤낮의 기온차가 매우 커서 포도, 하미과가 잘 자란다.

    화염산과 상반되는 곳으로 연해 지역이나 섬 지역을 들 수 있다. 예를 들어 태평양 한가운데 자리한 하와이 제도는 세계적인 휴양지로 사시사철 기온 변화가 거의 없다. 1년 내내 15~32℃

를 유지하는 하와이는 부드러운 바닷바람이 불고 기후가 사람이 살기에 딱 알맞다. 그래서 계절의 변화를 거의 느낄 수 없다. 연해 지역과 사막 지역의 기후는 왜 이렇게 다를까? 비열을 이해하면 그 이유를 알 수 있다.

> **지식 카드**
>
> 단위 질량의 물질이 온도가 올라갈 때 흡수한 열량과 물질의 질량과 온도 변화의 곱의 비를 '비열'이라고 한다. 비열은 물질의 성질 중 하나로 열을 흡수하거나 방출하는 능력의 세기를 나타낸다. 기호는 c로 표시하며 단위는 J/(kg·℃) 또는 J/(kg·K)이다.

모든 물질은 고유의 비열을 가진다. 비열의 크기는 물질의 종류, 상태와만 관련이 있고 물질의 질량, 형상, 위치, 온도, 온도 변화량, 흡수하거나 방출한 열량의 양과는 무관하다. 일반적으로 각 물질의 비열은 서로 다르기 때문에 비열로 물질을 감별할 수도 있다.

비열은 수치상으로 어떤 물질 1g의 온도를 1℃만큼 올리는 데 필요한 열량이다. 따라서 $Q=cm\Delta t$인데 이 중 Q는 물체가 흡수하거나 방출한 열량, m은 물체 질량, Δt는 열을 흡수하거나 방출하기 전후의 물체의 온도 변화를 가리킨다.

비열은 물질이 열을 흡수(방출)하는 능력을 반영한다. 동일한 질량의 물질이 동일한 온도를 높일 때, 비열이 클수록 필요한 열량이 많다. 한편 비열은 물질이 열을 흡수하거나 방출한 뒤 온도 변화의 난이도를 반영하기도 한다. 비열이 큰 물질이 동일한 열을 흡수하거나 방출할 경우에는 온도 변화가 작다. 그래서 비열이 큰 물질의 온도를 변화시키는 것이 상대적으로 더 어렵다.

상온에서 흔히 볼 수 있는 천연물질 중에서 물의 비열은 상당히 큰 편으로 4.2J/(kg·℃)이다(물보다 비열이 큰 것은 수소 14.3, 헬륨 5.2, 액체암모니아 4.6 등 몇 가지 기체뿐이다). 물의 비열은 모래의 14배나 되며 기후 변화에 현저한 영향을 미친다. 동일한 질량의 물과 모래의 온도를 동일한 수준까지 높인다면 물이 훨씬 더 많은 열량을 흡수할 것이다. 만약 흡수하거나 방출한 열량이 동일하다면 물의 온도 변화가 모래의 온도 변화보다 훨씬 작을 것이다. 여름철에 바다 위로 뙤약볕이 내리쬐 바닷물이 엄청난 양의 열을 흡수하더라도 바닷물의 비열이 크기 때문에 온도 변화가 크지 않고 해변이나 섬의 기온도 크게 변하지 않는다. 그러나 사막 지역에서는 모래의 비열이 작기 때문에 동일한 양의 열을 흡수하더라도 온도 상승폭이 매우 커 밤낮의 기온 차가 많이 나게 된다. 내륙 지역과 연해 지역의 기후가 다른 것도 이 때문이다. 내륙은 연해 지역보다 여름철에는 덥고 겨울철에는 춥다.

현재 중국은 급속한 도시화로 인구과밀화 현상이 나타나 공장 및 교통수단에서 대량의 배기가스가 배출되고 있다. 게다가 도시 건물은 대부분 벽돌, 철근콘크리트로 지어진다. 그래서 공간별 온도 분포를 살펴보면 도시는 마치 뜨거운 열기를 푹푹 내뿜는 섬처럼, 이른바 도시 열섬화 현상을 보여준다. 어떻게 하면 도시 열섬화 현상을 줄일 수 있을까?

첫 번째, 도시에 '물'을 주면 된다. 도시 근처에 댐을 건설하면 도시에 '에어컨'을 달아주는 셈이 된다. 그러나 모든 도시 근처에 댐을 만들 수는 없다. 두 번째, 도시 녹화 비율을 높인다. 이는 첫 번째 방법보다 현실적이다. 녹화 지역이 내포한 물자원은 '댐'과 다름없는 역할을 한다. 그래서 여름철 뜨겁게 달궈진 도시의 온도를 내려 날로 심각해지는 도시 열섬화 현상을 완화할 수 있다.

"더워 죽겠네! 어서 나무 좀 심어줘!"

물의 큰 비열을 응용한 사례는 생활 속 곳곳에서 찾아볼 수 있다. 농업 분야에서는 매년 3~4월이 되면 벼 모종이 서리 피해를 입지 않도록 논에 물을 댄다. 저녁이 되면 논에 물을 대고 이튿날 해가 뜰 때 물을 내보낸다. 비열이 큰 물의 특성을 이용해 기온이 떨어진 야간에 벼 모종의 온도가 너무 많이 떨어지지 않도록 '보온'을 해준 것이다. 다른 예도 많다. 북방 지역에서 사용하는 난방 설비도 물을 사용하고, 자동차 엔진과 공장 선반에 사용하는 냉각 시스템도 물을 냉각액으로 사용한다.

내연기관 알아보기

증기기관에서 내연기관으로

자동차가 앞으로 나갈 수 있는 동력은 엔진에서 나온다. 그렇다면 엔진은 어떻게 작동하는 걸까? 휘발유를 태워서 간다고? 맞는 말이다. 자동차 엔진은 연료를 태워 방출하는 에너지로 차체를 움직인다. 그러나 원리는 간단할지 몰라도 실제 과정은 결코 간단하지 않다. 내연기관의 발전 과정도 그 못지않게 많은 우여곡절을 겪었다.

열에너지를 기계적인 일로 바꿔주는 기계를 '열기관'이라고 한다. 1차 산업혁명에 동력을 제공한 증기기관은 열기관 중에서 외연기관에 속한다. 자동차 산업에서 광범위하게 사용되는 가솔린 엔진, 디젤 엔

와트

진은 열기관 중 내연기관에 속한
다. 열기관의 제작과 연구는 아주
오래전부터 시작되었다. 중국 남송
초기에 만들어진 주마등走馬燈은 초
기 열기관(터빈)의 형태를 보였지
만 당시에는 장난감으로만 쓰였다.

와트가 발명한 증기기관

17세기, 광업이 발전하면서 영국인 토마스 세이버리Thomas
Savery는 갱도의 물을 퍼내는 증기 양수 펌프를 개발했다. 광산 갱
도 내에 고인 물을 뽑아내는 용도로 쓰인 이 양수기는 '광부의
친구Miner's Friend'라고 불렸다. '광부의 친구'는 연료, 증기, 피스톤
을 사용한 초기 형태의 증기기관이었으나 피스톤이 동작을 한
번 마칠 때마다 차가운 물을 뿌려 수증기를 응축시켜야 했다. 그
리고 다시 작동시키기 전에 또 가열을 해야 했기 때문에 여간
번거로운 게 아니었다.

이런 증기기관이 거의 한 세기 동안 사용되다가 1776년 제임
스 와트James Watt가 오랜 연구 끝에 획기적인 기술을 도입해 새로
운 증기기관을 만들어냈다. 이로써 최초의 실용적 증기기관이
탄생했다. 그 후로도 지속적으로 기술을 개선한 결과, 와트의 증
기기관은 '만능 원동기'가 되어 산업 분야에서 광범위하게 응용
되었다. 증기기관을 만들기 위해 와트는 오랜 세월 구슬땀을 흘
렸고 다행히 그 노력에 대한 보상으로 발명에 성공했다. 그리하

여 와트는 인류를 증기 시대로 이끈 위대한 발명가로 이름을 남기게 되었다. 와트의 공적을 기념하기 위해 SI 단위계 중 일률의 단위는 그의 이름을 딴 '와트'로 정해졌다.

증기 '포탄'

열기관의 원리는 간단한 예로 설명할 수 있다. 만약 고무마개로 시험관 입구를 꽉 막고 알코올램프로 시험관 안의 물을 가열하면 알코올이 연소하면서 내보낸 열이 열전달을 통해 일정 부분 물로 이동하게 된다. 물의 온도가 올라가면서 발생하는 수증기도 점점 많아지다가 결국 수증기가 고무마개를 날려버린다. 이와 동시에 시험관 입구 근처에 '하얀 김'이 모락모락 피어오른다. 이는 수증기가 외부에 대해 일을 하기 때문으로, 내부에너지가 감소하고 온도가 내려가며 수증기가 작은 물방울로 액화되면서 '하얀 김'이 나타난다.

내연기관은 연료가 기계 내부에서 연소하며 동력을 만들어내는 열기관으로 크게 가솔린기관과 디젤기관으로 나뉜다. 1862년, 프랑스 엔지니어 알퐁스 보 드 로샤Alphonse Beau de Rochas는 흡입-압축-폭발-배기행정이 순차적으로 이뤄지는 4행정 내연기관의 작동 원

고무마개가 사람을 향하게
하면 안 돼!

리를 제안했다. 1단계, 피스톤이 하강하면서 연료를 실린더 안으로 흡인한다. 2단계, 피스톤이 상승하면서 실린더 안의 혼합 기체를 압축한다. 3단계, 점화로 인해 기체가 빠르게 연소하며 팽창하면 실린더가 하강하며 일을 한다. 4단계, 실린더가 상승하며 폐기를 배출한다. 이 4개의 행정기관이 순차적으로 계속 작동해 기계를 움직인다.

보 드 로샤가 천재적인 두뇌로 4행정 내연기관을 고안한 것은 맞지만 이를 이용해 실제 엔진을 만든 사람은 독일의 발명가 아우구스트 오토Nikolaus August Otto였다. 1876년, 오토는 세계 최초로 석탄 가스를 연료로 한 4행정 내연기관을 제작했다. 이 기관은 부피가 작고 회전속도가 빠르다는 등의 장점이 있었다. 훗날 석탄 가스 대신 가솔린을 연료로 사용하게 되면서 가솔린기관이라고 불리게 되었는데, 자동차, 비행기, 오토바이, 소형 농기계 등 다양한 분야에서 널리 응용되었다. 뒤이어 독일의 기술자 루돌프 디젤Rudolf Diesel이 압축 점화 엔진 원리를 제안하고 1897년에 디젤을 연료로 한 디젤기관을 제작하는 데 성공했다.

4행정 내연기관의 원리

4행정 내연기관은 어떻게 연료의 열에너지(내부에너지)를 기계적인 일로 바꾸는 걸까? 어떻게 연속 동작이 가능한 걸까? 이 문제를 이해하려면 내연기관의 구조와 작동 원리를 알아야

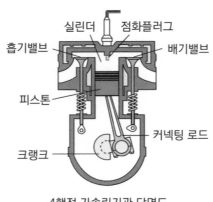

실린더 점화플러그

흡기밸브 배기밸브

피스톤

커넥팅 로드

크랭크

4행정 가솔린기관 단면도

한다. 다음에서 4행정 가솔린 엔진이 어떻게 작동하는지 알아
보자.

4행정 가솔린 엔진은 크랭크, 커넥팅 로드(연결봉), 피스톤, 흡
기밸브, 배기밸브, 실린더(피스톤이 있는 원기둥형 공동), 점화플러
그 등으로 이루어진다. 4행정 기관은 크랭크축이 2회전하는 동
안에 흡입, 압축, 동력, 배기의 순으로 4행정을 작동하여 1사이
클을 완성한다.

흡입행정

흡기밸브는 열려있고 배기밸브는 닫혀있는 상태에서 피스톤
이 상사점^{TDC}에서 하사점^{BDC}으로 운동한다. 피스톤이 하강하면
피스톤 위쪽의 실린더 체적이 커지면서 실린더 내부는 부분 진
공 상태가 되어 실린더 내 압력이 흡기 압력보다 낮아지게 된다.

그로 인해 공기는 기화기(카뷰레터) 또는 가솔린 분사 장치를 통해 미립자로 분사된 가솔린과 점화 가능한 혼합기체를 형성해 흡기밸브를 거쳐 실린더 내부로 들어간다.

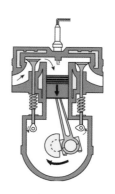

흡입행정은 피스톤이 하사점으로 하향해 흡기밸브가 닫힐 때까지 지속된다.

압축행정

압축행정은 흡배기밸브가 모두 닫힌 상태에서 크랭크축이 커넥팅 로드를 움직여 피스톤이 상향하면서 실린더 안의 점화 가능한 혼합기체를 압축하기 시작한다. 피스톤이 상사점에 이를 때까지 혼합기체의 온도가 상승하면 압축행정이 완료된다. 이 과

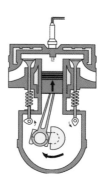

정은 크랭크, 커넥팅 로드의 역학적 에너지가 점화 가능한 혼합기체의 내부에너지로 전환되는 과정으로 혼합기체 온도는 330~430℃까지 올라간다.

동력행정

피스톤이 압축을 위해 상사점에 도달하기 직전, 흡배기밸브가 여전히 모두 닫힌 상태에서 실린더 헤드 위쪽에 장착한 점화

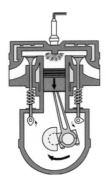

플러그의 불꽃에 의해 압축된 혼합기체가 점화된다. 혼합기체가 폭발적으로 연소하면서 대량의 열을 방출하면 실린더 내 가스 압력과 온도가 빠르게 상승하는데 최고 압력은 3~6Mpa, 최고 온도는 1,900~2,500℃까지 치솟는다. 고온고압의 가스로 인해 피스톤이 하사점까지 빠르게 하강하며 커넥팅 로드를 통하여 크랭크축을 회전시키며 동력을 발생시킨다. 이 과정에서 기체 내부에너지는 크랭크기구의 기계적 일로 변환된다.

배기행정

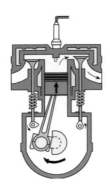

동력행정이 종료되고 피스톤이 하사점에 이르면, 흡기밸브는 닫히고 배기밸브가 열린다. 이때 실린더 내부 압력이 대기압보다 높기 때문에 실린더에서 고온의 배기가스가 빠르게 대기 중으로 방출된다. 먼저 자유배기 단계로, 고온의 배기가스가 음속으로 배기밸브를 통해 방출된다. 그다음은 강제 배기 단계로 피스톤이 상사점으로 이동하며 실린더 내부에 남은 가스를 강제로 밀어낸다. 피스톤이 상사점에 도달하면 배기 과정이 끝나 배기밸브가 닫힌다. 배기가 종료될 때의 실린더 내부 기체의 압력은 대기압보다 약간 높고 온도는 600~900℃ 정도다.

이로써 1사이클이 마무리됨과 동시에 다음 사이클을 위한 준비가 완료된다. 다음 사이클의 흡기행정이 끝날 때 실린더 내부 기체 온도는 100~170℃까지 내려간다.

이와 같은 사이클은 에너지 전환을 잘 이용해 엔진을 계속해서 구동시킨다. 4행정 디젤기관의 작동 원리도 가솔린기관과 동일하지만 디젤기관의 흡입행정에서 들어가는 것은 공기뿐이다. 압축행정이 상사점에 가까워지면 연료분사기가 디젤을 연소실에 분사한다. 이때 실린더 내부의 온도는 이미 디젤의 자연 착화 온도보다 훨씬 높기 때문에 분사된 디젤은 짧은 착화 지연을 거친 뒤 자연 착화돼 연소하며 동력을 발생시킨다. 즉, 가솔린기관과 디젤기관의 차이점은 다음과 같다.

구조를 살펴보면 가솔린기관은 점화플러그가 있고 디젤기관은 연료분사구가 있다. 점화 방식을 살펴보면 가솔린기관은 점화플러그를 통해 착화하고 디젤기관은 압축열에 의해 자연 착화한다. 기체 흡입 구조를 살펴보면 가솔린기관은 흡기행정에서 가솔린과 공기를 흡입해 혼합기를 만들고 디젤기관은 공기만 흡입한다. 또한 디젤기관은 가솔린기관에 비해

공기를 훨씬 많이 압축하며 동력행정에서의 기체 압력도 가솔린기관보다 높기 때문에 더 큰 출력을 낼 수 있다. 실제로 디젤기관은 탱크, 트럭 등 대형 기계에 많이 쓰이고 가솔린기관은 오토바이, 소형 자동차 등 소형 기계에 많이 쓰인다.

상상력을 펼쳐 봐!

Task 1 수증기Steam? 증기Vapor 융해? 용해? 녹다? 너무 헷갈린
다고!

물리학 분야에서 사용하는 용어는 일상적으로 쓰이는 경우도
있지만 학술용어와 일상용어의 경계가 분명한 때도 있다. 물리
학에서 수증기와 증기는 모두 쓰이는 용어이지만 의미가 다르
다. 융해, 용해, 녹다, 이 세 단어 중 물리학에서 가장 많이 쓰이
는 것은 융해이고 화학에서 많이 쓰이는 것은 용해이다. '녹다'
는 문학에서 많이 쓰인다. 사전이나 관련 자료를 찾아 이 단어들
의 의미와 차이점을 알아보자.

Task 2 막무가내 풍선

똑같은 풍선 두 개를 준비해 입구에 고무호스나 빨대를 꽂은
다음, 하나는 크게 불고 다른 하나는 작게 분다. 풍선 두 개를 연
결하면(중간의 호스나 빨대는 클립 같은 것으로 연결) 둘 중 어느 쪽
이 커질까?

(Tip : 상상력을 발휘해보자. 큰 풍선이 지구 전체의 대기를 담을 만
큼 크다고 생각해보자. 이 경우, 작은 풍선의 입구를 연다는 것은 지구의
대기와 연결하는 것과 같다. 그러면 당연히 작은 풍선이 점점 더 작아질
것이다.)

Task 3 간단한 온도계를 만들어보자.

　열팽창과 냉수축 원리를 이용해 플라스틱병, 투명빨대, 잉크, 알코올(또는 물) 등의 재료로 간단한 온도계를 만들고 표준온도계를 참고해 눈금을 표시한다. 눈금을 표시한 온도계와 표준온도계로 온도를 재서 오차를 확인해보자(눈금을 정확하게 표시했다면 오차범위가 작을 것이다). 설계부터 재료 선정, 제작, 눈금 표시까지 전 과정을 스스로 해보고 모르는 부분이 있으면 선생님께 물어보거나 자료를 참고한다.

Task 4 이상기후에 대해 알아보자.

　옛날에도 6월에 눈보라가 날리고 여름이 없어지는 등의 이상기후가 나타났지만 오늘날에는 전 세계 각지가 이상폭설, 이상홍수 등 이상기후로 몸살을 앓고 있다. 기상청 웹사이트에서 최근 2년 동안 발생한 이상기후를 검색해서 발생 시각, 장소, 구체적인 상황, 지속 시간, 영향 및 결과, 대처조치, 인명피해, 경제적 손실 등에 대해 알아보자. 이상기후가 발생하는 원인, 특

히 인위적 요인에 대해 생각해보고 인류의 활동으로 자연재해를 예방할 수 있는 방법에 대해 이야기해보자.

1. 분자운동론

물체는 수많은 분자로 이루어져 있고 분자는 끊임없이 불규칙 운동을 하며(열운동) 분자 사이에는 상호작용하는 인력(끌어당기는 힘)과 척력(밀어내는 힘)이 동시에 존재한다.

일반적으로 분자 지름의 자릿수는 10^{-10}m, 질량의 자릿수는 10^{-26}kg이다. 아보가드로수는 거시세계와 미시세계를 연결하는 다리로, 기호는 N_A이고 계산할 때는 6.02×10^{23}mol^{-1}을 쓴다. 어떤 물질이든 1mol에 포함된 입자의 개수는 같다.

확산과 브라운운동은 분자가 끊임없이 불규칙 운동을 한다는 사실을 증명한다. 확산은 서로 다른 물질이 상호 접촉할 때 상대방 안으로 들어가는 현상으로 온도가 높을수록 확산 속도가 빠르다. 브라운운동은 소립자가 주위 분자 열운동의 충격을 받아 일으키는 것으로 분자의 불규칙 운동 자체가 아니라 분자가 불규칙 운동을 한다는 것을 반영하는 것이다.

브라운 운동의 특징은 다음과 같이 정리할 수 있다. 하나, 끊임없이 불규칙 운동을 한다. 둘, 입자가 작을수록 운동이 격렬하다. 셋, 온도가 높을수록 운동이 격렬하다. 넷, 운동궤적이 불확정적이다.

분자 사이에는 상호작용하는 인력과 척력이 동시에 존재한다. 분자력은 분자 사이 인력과 척력의 합력을 가리킨다. 분자 간 인력과 척력은 모두 분자 간 거리가 멀수록 작아지고, 거리가 가까울수록 커지지만 척력이 인력보다 더 빨리 변한다.

2. 온도와 내부에너지

거시적으로 온도는 물체의 차갑고 뜨거운 정도를 표시하고 미시적으로는 분자의 평균 운동에너지를 나타낸다. 분자운동에너지는 분자의 불규칙 운동의 운동에너지로 병진Translational, 회전Rotation, 진동Vibration 에너지를 포함한다. 분자퍼텐셜에너지는 분자의 상대 위치, 분자력으로 결정되는 에너지다. 내부에너지는 물체 속 모든 분자열운동의 운동에너지와 분자퍼텐셜에너지의 총합으로, 물체는 모두 내부에너지를 가진다.

3. 결정과 비결정

	결정(단결정, 다결정)	비결정
외형	규칙	불규칙
융해점	확정	불확정
물리적 성질	이방성	등방성
원자배열	규칙적이나 다결정의 경우, 각 결정 사이의 배열은 불규칙함	불규칙

대표 물질	석영, 운모, 식염, 황산구리	유리, 밀랍, 송진
형성과 전환	일부 물질은 다양한 조건에서 각기 다른 형태를 이룰 수 있다. 동일한 물질도 결정과 비결정, 두 가지 형태로 나타날 수 있다. 일부 비결정도 특정 조건에서 결정으로 변할 수 있다.	

4. 액체의 표면장력

액체의 표면장력은 액체의 표면이 스스로 수축하여 가능한 한 작은 면적을 취하려는 힘으로, 그 방향은 액면과 맞붙어있고 액면의 경계선과 수직이다. 액체의 온도가 높을수록 표면장력이 작고 밀도가 클수록 표면장력이 크다. 액체에 이물질이 녹아 있을 경우, 표면장력이 작아진다.

5. 이상기체

이상기체는 분자퍼텐셜에너지를 고려하지 않는 과학적 추상에 의해 이상화된 기체 모형으로 실제로는 존재하지 않는다. 실제 기체, 특히 쉽게 액화되지 않는 기체는 압력이 그다지 크지 않고 온도가 그다지 낮지 않은 상황에서 모두 이상기체의 특성을 나타낸다. 일정한 질량의 이상기체는 다음의 상태방정식을 만족한다.

$$\frac{PV}{T} = C(\text{상수}), \text{ 즉 } \frac{P_1 V_1}{T_1} = \frac{P_2 V_2}{T_2} \text{이다.}$$

6. 열역학법칙과 영구기관

열역학 제1법칙 : 외부에서 물체에 대해 한 일 W에 물체가 외부에서 흡수한 열 Q를 더한 것은 물체 내부에너지의 증가량 ΔU와 같다. 이를 수식으로 표현하면 $\Delta U = Q + W$이다. 열역학 제1법칙은 에너지보존법칙을 설명한 방식 중 하나이다.

한 일 W	외부에서 물체에 대해 한 일	$W>0$
	물체가 외부에 대해 한 일	$W<0$
흡수 또는 방출한 열 Q	물체가 외부로부터 흡수한 열	$Q>0$
	물체가 외부로 방출한 열	$Q<0$
내부에너지의 변화 ΔU	물체 내부에너지 증가	$\Delta U>0$
	물체 내부에너지 감소	$\Delta U<0$

열역학 제2법칙 : 열은 저온물체에서 고온물체로 스스로 이동할 수 없다.

열역학 제3법칙 : 절대 영도에 도달하는 것은 불가능하다.

열역학 제0법칙 : 물체 A, B, C 중, A와 B가 열평형 상태에 있고 B와 C가 열평형 상태에 있으면 A와 C도 열평형 상태에 있다.

제1종 영구 기관 : 에너지를 공급받지 않고도 계속해서 외부에 일을 할 수 있는 영구 기관으로, 열역학 제1법칙에 위배되므로 제작이 불가능하다.

제2종 영구 기관 : 하나의 열원으로부터 열을 흡수해 이 열을 완전히 일로 바꾸되, 그 외 어떠한 외부의 변화도 일으키지 않는 영구 기관으로, 열역학 제2법칙에 위배되므로 제작이 불가능하다.

앞을 보세요
뒤돌아보지 말고 위를 보세요
밑을 내려다보지 말고 자신감을 가지세요
지치고 주눅들 때는 여러분이 이미 건너온 다리와
올라온 산을 생각하세요.
크고 작은 방법으로 이 세상을 바꾸려고 해보세요.

- 물리학자 셜리 앤 잭슨

과학에는 뭔가 매력적인 것이 있다. 사실이라는 아주 작은 투자를 통해
그토록 많은 추측을 이끌어내니 말이다.
- 마크 트웨인

많이 보고, 많이 겪고, 많이 공부하는 것은 배움의 세 기둥이다.
- 벤자민 디즈라엘리

진정한 배움의 끝은 변화다.
- 레어 버스카글리아

교육의 진정한 목적 중의 하나는
부단히 문제를 제기할 수 있는 환경 속에 인간을 두는 것이다.
- 맨델 크레이튼